遇见日本庭园
图解空间构成与造园理念

[日本] 户田芳树　　[日本] 野村勘治　著

宗士淳　译

[日本] 株式会社户田芳树风景计画　校订

江苏凤凰科学技术出版社 · 南京

图书在版编目（CIP）数据

遇见日本庭园 ：图解空间构成与造园理念 ／（日）
户田芳树，（日）野村勘治著 ；宗士淳译. -- 南京 ：江
苏凤凰科学技术出版社，2023.12
ISBN 978-7-5713-3838-1

Ⅰ．①遇… Ⅱ．①户… ②野… ③宗… Ⅲ．①庭院－
园林设计－日本－图解 Ⅳ．①TU986.631.3-64

中国国家版本馆CIP数据核字(2023)第210392号

遇见日本庭园　图解空间构成与造园理念

著　　　者	[日本] 户田芳树　　[日本] 野村勘治	
译　　　者	宗士淳	
校　　　订	[日本] 株式会社户田芳树风景计画	
项 目 策 划	高　申	
责 任 编 辑	赵　研　刘屹立	
特 约 编 辑	高　申	

出 版 发 行	江苏凤凰科学技术出版社
出版社地址	南京市湖南路1号A楼，邮编：210009
出版社网址	http：//www.pspress.cn
总　经　销	天津凤凰空间文化传媒有限公司
总经销网址	http：//www.ifengspace.cn
印　　　刷	雅迪云印（天津）科技有限公司

开　　　本	710mm×1000mm 1/16
印　　　张	10
字　　　数	192 000
版　　　次	2023年12月第1版
印　　　次	2023年12月第1次印刷

标 准 书 号	ISBN 978-7-5713-3838-1
定　　　价	69.80元

图书如有印装质量问题，可随时向销售部调换（电话：022-87893668）。

译者序

日本庭园作为一个与中国的景观园林体系联系紧密，但又独立存在的体系，其整体构成十分复杂，并且在前期受中国文化影响、后期受西方文化影响的状况下，吸收多方面的优势并最终形成具有鲜明个性与特征的"和风"庭园，不得不说这是一个十分有趣且具有研究价值的历史演变过程。本书在户田芳树与野村勘治两位先生的带领下，针对日本庭园的空间构成以及主题进行解读。原著采取对谈的方式针对主题进行讨论，因此具有很强的故事性，如同一场旅行一般，在作者的引领下，对日本庭园的整体发展历程以及隐藏于各阶段中的奥秘进行了深入解读。基于以上原因，我在翻译过程中，力求尽可能使用原著的专业术语进行描述，最大程度上保持原著的文章体裁和表达方式，以反映原著作者在对谈中的真实情感和表达内容。在本书的翻译过程中，我也有幸再次探访了书中所介绍的日本庭园，并尝试以书中的内容重新对庭园进行了考察和体验，着实乐趣无穷，受益良多。希望本书可以带领更多的读者去体验日本庭园的鉴赏之趣，同时希望通过两位日本老师对于日本传统庭园的启发性解析与鉴赏视角，引发我们对于中国庭园与建筑等传统文化的新思考。

近代亚洲国家被西方列强打开国门，以物质为中心的西方思想以及价值观一度流行，在以西方思想为主流的现代教育体系下，西方学术以及知识体系源源不断地输入，其结果是在很大程度上限制了我们对于自身东方思想、思维体系以及美学的认知。很多时候，一些人放弃了引以为傲的精神生活——"道"，而以物质——"器"作为价值体现以及人生目标。我经常陷入疑问："如果我们可以排除历史的影响，假设在没有西方文化的强行介入，并通过我们自身发展的情况下，我们又可以发展出怎样的现代文明，我们的城市、建筑、庭园会是什么样子呢？"虽然我们永远无法验证这样的设想，也无法使历史倒流，但这并不妨碍我们去重新审视内心与自我，重新追溯我国乃至亚洲的城市、建筑、景观的本质。世间万物都有"内外"两性，亚洲的部分现代建筑师所追求的亚洲现代建筑和景观就如同穿着亚洲传统服饰的洋人，无论衣服再怎么形似于亚洲，其内核依旧源于西方，而大多数人仍在默许着这舍本逐末的一切继续发生。但无论怎样，我国作为建筑师的梦之舞台，我们实现全世界所有建筑师的梦想，也真切希望在不远的将来，我们可以在这百年瞬息万变的现代文明中重新找回属于亚洲千年文明的建筑与庭园的传承以及"道技合一"的传统精神。

最后，感谢本书原著作者户田芳树先生、野村勘治先生的信任，感谢天津大学建筑学院刘彤彤教授、天津大学建筑学院副院长张昕楠教授、凤凰空间高申编辑的帮助，感谢北京筑木设计孙伟建筑师、日本多摩美术大学大学院王秋婷同学对本书翻译工作的大力支持，感谢我的恩师原日本大学教授大内宏友先生的指导。

宗士淳

2023 年 5 月

前言

　　近年来，随着访日游客增加，大家有了更多的机会了解日本文化。来自世界的注目甚至让人觉得 19 世纪盛行的日本风潮会再次席卷全球。我坚信日本景观设计师的起点就是日本庭园。如今，各国对日本庭园兴趣盎然，其中的" Zen Garden（禅庭）"更是被世界各国游客所向往喜爱。

　　在这种局面下，景观设计师需要扪心自问，作为专家，我们对日本庭园究竟理解到了什么程度？在自己的创作中构筑了怎样的关系？日本庭园中或许隐藏着令人意外的真相，因此，我们不妨从谦逊地质疑"我们真的深刻理解日本庭园吗"开始思考。

　　在学习日本庭园时，虽然有很多教材，但都是以年代、样式、手法、地域等各论为主。我认为仅凭这种方法很难捕捉到日本庭园的真实面貌。因此，我决定从景观设计师也就是空间创造者的角度重新审视日本庭园，并对其潜藏的姿态进行阐释。希望通过本书，可以不拘泥于学院派理论学说，从与以往不同的视角切入，对日本庭园进行讨论。

　　我和庭园研究家兼作庭家野村勘治的对谈，或许可以帮助大家走近日本庭园的本质。将宗教、哲学、艺术、风俗等横向轴线嵌入以时代为单位的历史纵向轴线中，对从横纵轴线的相关关系中建立起来的庭园空间、形态以及由此产生的行为展开解析。

户田芳树

目录

第一章　日本庭园史上的范式转换与设计

导言

  日本有很多充满魅力的庭园，但若将其统称为"日本庭园"，就无法看到其本质。日本庭园的设计多样且具有个性，根据时代和地区的不同，有着各种各样的样式和形态。本书的目的并不在于研究"什么是日本庭园"这一根本性题目，而是为了了解庭园样式不断产生的原因，并探索其产生的背景，在此基础上重新理解新的空间和形态的意义。本章在汇聚日本历史上发生的重大转变和庭园变化的同时，希望在时间序列中解析其本质。我们将解析新的庭园形式是如何产生的、具体是何内容，在选取新关键词的同时追溯历史。

  纵观日本庭园的历史，共有 4 次具有代表性的变化，可以看出庭园风格发生了明显变化。本章以将飞鸟时代作为开端的 4 次变化为轴线来探索其变化。从结果可以看出，自古代、中世、近世、近代至今持续发展而来的日本文明史以及庭园史，其轨迹是一致的，可以确定日本庭园是随文明框架的构建共同发展而来的。

- 第一次：飞鸟时代——佛教与庭园同时传入的时代。
- 第二次：镰仓时代——禅宗传入所开启的拥有新思想的庭园的时代。
- 第三次：桃山时代——茶文化诞生后发展露地（译者注：露地，即室外的庭院，是进入茶室间的通道）和回游式庭园的时代。
- 第四次：明治时代——欧洲文化影响下以自然主义视角重新审视庭园的时代。

  虽然想依照时间顺序整理日本庭园的脉络，但实际上很难像战争或革命那样有明确的划分，因为庭园的样式是在时代的发展中逐渐变化的。今后日本庭园或许也将继续在同世界交流的过程中，不断演化出新的样式。为了以通俗易懂的方式介绍日本庭园的转变，本章将结合各时代代表人物的活动及作品进行介绍。

四个时代及其代表人物	
①飞鸟时代的苏我马子。	③桃山时代的千利休和丰臣秀吉。
②镰仓时代的梦窗国师。	④明治时代的山县有朋和植治。

代表范式的转变

  ①和式之美的发现："佛教视角"和日式倾向——古代（飞鸟时代、奈良时代、平安时代，始于公元600年左右）。

  ②寓意性的发现：由"禅学视角"产生的象征性、抽象性——中世（镰仓时代、室町时代，始于公元1200年左右）。

  ③身体性的发现："茶道视角"所具备的自由尺度——近世（桃山时代、江户时代，始于公元1500年左右）。

  ④自然的再发现："面向自然的视角"所引发的宗教与思想的遗失——近代（明治时代、大正时代、昭和时代，始于公元1900年左右）。

第一节　和式之美的发现：从苏我马子的庭园到藤原氏的庭园（公元 600 年前后）

户田：与野村先生相识近 50 年，初次见面的印象仍很深刻。我大学毕业那年，东京农业大学日本庭园研究会在京都举办了庭园合宿，正巧我参加了这次活动。

野村：是的，大一时我在桂离宫、修学院离宫进行义务劳动，随后借机仔细观览了庭园。坐船清扫水池时，从水面上看到的桂离宫让我至今无法忘怀。在神社住宿那晚的交流会上，我充分享受了学生生活的开放感。之后作为重森三玲老师出版的《日本庭园大系》的测绘及作图组成员参与工作，自此便沉浸在日本庭园的世界之中，时至今日仍是如此。

户田：我曾学习造园师的课程，后因偶然的契机进入了城市设计公司，之后独立从事景观设计工作。参观桂离宫是我的起点。

野村：虽然我们对于庭园产生兴趣的起点是相同的，但由于之后的活动产生了不同的视角，此次能够重新讨论庭园是一件幸福的事情。

一、从泛灵论到佛教传入

户田：关于庭园，我想从飞鸟时代说起。位于欧亚大陆东端的日本与大陆隔海相望，所以引入他国文化的机会十分有限。但是，日本一旦受到来自海外的巨大刺激，社会结构会发生变化，其他国家的文化也会一拥而入。日本人可以敏感地捕捉到流入的文化，并且在短时间内进行学习，进而创造出以日本审美意识为基础的新样式的庭园。

在日本最早引发范式转换的事件大概就是佛教的传入吧。在从绳文时代起就被泛灵论的世界笼罩的日本，人们供奉着栖息在伟大的自然物中的神灵，它们栖居的"磐座、磐境[1]"等地被当作圣域的"场"。这些"场"是神与人交流的空间，也被认为是庭园诞生的基本形态。

伴随着具有理论性世界观的佛教传入，新的庭园空间诞生了，这就是日本庭园的起源。

野村：虽然很少有人知道，但冈山县吉备的楯筑遗迹[2]中存在着具有异样氛围感的磐境（照片 1-1）。围绕中心祠堂的 8 块石头呈环状排列，就像巨石阵一样。这是滨松市渭伊神社天白磐座[3]（照

照片 1-1　楯筑遗迹的磐境

片1-2），其与自然的事物相对，是由人工制作的造型，同时它也是佛教传入之前关于人与自然关联的重要事例。

此外，日本书纪中记载的"嶋大臣"指的是苏我马子（？—626），此处的"嶋"应是庭园这一谜团在昭和时代的一次发掘中意外揭开的。"嶋"是有着方形水池的百济风格的庭园，和我们当今印象中的日本庭园大不相同。

照片1-2　渭伊神社天白磐座（译者注：磐座，是日本神道中对岩石的信仰，亦指信仰对象岩石本身）

虽然对一般人来说，这也许是个令人耳目一新的话题，但实际上对于飞鸟－奈良时代的庭园遗迹的正式发掘从半个世纪前就开始了。作为其成果，曾经被认为像谜一般的代表马子之"嶋"的方池遗迹（照片1-3）和平城宫东院庭园[4]（照片1-4）在早期就已被发掘。在那之后，飞鸟宫迹庭园[5]和平城京左京三条二坊宫迹庭园[6]等也被依次发掘，古代庭园的样貌变得逐渐清晰了。从百济传来的飞鸟时代的庭园，是位于被视作西欧庭园的建筑延长线上的人造庭园。在那之后经过打磨，庭园逐渐转变为自然风格，这被认为是和风样式的开端。

户田：虽然这个时代的日本受到了来自朝鲜半岛的巨大影响，但遗憾的是，当今的朝鲜半岛上几乎没有留下可以作为文化遗产的庭园。

野村：古朝鲜因为长期的国家分裂以及外国的入侵，庭园在战火中被毁，所以想用现存为数不多的庭园案例进行验证。

当初流传下来的古朝鲜庭园是人造的百济样式的"方池与圆岛"，现在韩国首尔的昌德宫芙蓉亭水池[7]还沿用着这种样式（照片1-5）。但是，这种人工设计的庭园似乎不太能打动日本人，于是转变为新罗式的自然形态的设计。

其原型是韩国庆州的雁鸭池庭园[8]（照片1-6），该庭园将直线与曲线区分使用，作为珍贵的文化遗产保存至今。这种自然形态的设计也很大程度上受到了中国的影响，在隋唐时期的宫廷中都有大规模的自然庭园，后来通过遣隋使和遣唐使传入日本。

照片1-3　"岛宫"方池遗址与二上山

照片1-4　平城宫东院庭园的须弥山

照片 1-5　韩国首尔昌德宫庭园的芙蓉亭芙蓉池　　照片 1-6　韩国庆州的雁鸭池庭园

当时日本编纂了《怀风藻》等汉诗集，公文资料也都使用汉文，官方在任何事上都在效仿中国。从那以后到近世，日本一直奉行和魂汉才，营造庭园也不例外。但是随着时间的流逝，这种喜好虽然没有发生变化，庭园中的和魂气质却越发浓厚。

一直以来，日本庭园的和风化被认为是在废除遣唐使以后形成的，但是根据奈良时代的发掘，和风化实际上是在中国文化传入的同时循序渐进的。

另外，象征佛教宇宙中心的"须弥山[9]"在飞鸟时代被刻成石雕设置在庭园中（照片 1-7）。但是到了奈良时代，石组演变成了由自然石组合而成的表现形式。平城宫东院庭园里的须弥山（照片 1-4）发掘出来时处在石组群的中央，主石是被高高安置的状态。虽然石雕与庭园文化一同被传播，但一直以来坚信"自然石中有神灵"的石文化的日本人，还是怀着对雕刻石头的抵触，选择了由自然石组合而成的石组。作为日本庭园优秀表现方式之一的"石组"，也是在这一时期诞生的。

照片 1-7　石刻须弥山

二、平安时代是和风样式的顶峰

卢田：随时代更迭来到平安时代，日本庭园迎来了和风化的顶峰。但是，现存的庭园已寥寥无几，毛越寺庭园（照片 1-8）和平等院庭园（照片 1-9）虽有当初的美景，但并不是完整的姿态，其出类拔萃之处没有留存令人感到惋惜。在这个时代，同寝殿造建筑一起营造的庭园堪称景观设计的典范，早在 1000 多年前便达到了美的极致，令日本引以为傲。世界上最古老的造园书籍《作庭记》（11 世纪后半叶）也同时问世，日本庭园迎来了黄金时代。

照片 1-8　奥州市平泉町的毛越寺庭园　　　　　照片 1-9　平等院庭园——平安时代的代表庭园

1. 寝殿造与日本庭园

野村：寝殿造在图纸上被描绘成对称的布局，但实际上似乎并非如此。根据太田静六博士的复原图，藤原道长（966—1028）的东三条殿[10]似乎是雁行形布局，表明相对于以"中央对称"为基准所营造的"寺庙神社以及公共建筑"，"住宅"显示出在选址这个问题上的灵活性思考方式。可以说以桂离宫为代表的雁行形建筑布局已经在这个时代开始出现。

正殿前方是由白沙营造的举行仪式的空间，后方的池泉是款待宾客的空间。池塘里漂浮着两艘龙头鹢首船[11]，高丽风格的打击乐队和唐朝风格的弦乐队分乘在上，乐队一边乘船移动，一边现场演奏音乐。音乐将水面作为回声板，从而提升现场的音响效果，令人愉悦（照片 1-10）。

照片 1-10　毛越寺庭园的游船

2. 白居易与平安贵族

平安时代初期，作为唐朝高级官员的诗人白居易（772—846），是深受平安贵族称赞与推崇的人物。当时，与白居易相关的信息被实时地传递到日本，可以说也对寝殿造的庭园产生了影响。

实际上，白居易自邸的庭园非常广阔，在池中浮有三岛，其间架起平桥和拱桥，池畔还设有小亭和书库等，看上去与日本的寝殿造庭园非常相似。此外，桂离宫仿佛与白居易的庭园如出一辙，作为王朝复古即平安时代的理想形象营造。关于这一点，我将在下一章详细叙述。

另外，在绘画和诗歌中所描绘的中国的水景庭园大多位于远离都城且温暖的江南湖沼之地，让人印象尤为深刻的是杭州的西湖和荆湘地区的洞庭湖。嵯峨院庭园[12]（现在的大泽池）将浮在池中的石头特意命名为"庭湖石"，以表达对洞庭湖的憧憬与向往。

对中日庭园的洲滨[13]进行比较的话，中国的做法是铺满卵石，而日本的做法一般是撒上小的石子。相较于中国偏人造感的表达，模仿自然海边的纯朴表达可以说是了解美丽滨水景观的日本人才有的感性。

3. 建筑样式的变化与日本庭园

户田： 虽然镰仓时代的建筑变成了书院式，发生了巨大的变化，但与庭园的关系是否也有所转变呢？考虑到贵族和武士的不同、生活方式的变化等各种因素，那么从庭园的角度看到的重点是什么呢？

野村： 寝殿造除寝殿的涂笼[14]外都使用幔帐进行隔断，是一幢一室的宽敞的个人空间。窗户采用半蔀[15]设计，面向庭园横向打开，水平景观展现在眼前，庭园的全景一览无余。

另外，在书院造建筑中，通过墙壁和门窗隔段在屋内分隔出数个房间。然后在纵向上设置平拉木板门，可从门之间观赏庭园，营造了画轴般的垂直景观。

虽然时代变迁，但鹿苑寺金阁依然沿袭了一层寝殿造的半蔀设计，庭园景致犹如画卷般展开。此外，书院造的银阁寺东求堂和大仙院的平拉门出入口都是纵向设置的，通过画轴般的山水画构图来欣赏庭园。

类似这样从建筑物中观赏庭园的方式以及各时代的绘画都对庭园设计产生了影响，通过这些元素自然而然也创造出了多样的庭园景观。但是平安时代的庭园数量过少，不能对这些庭园进行比较阐述，实属憾事（照片1-9）。

日本庭园起源于飞鸟时代

与佛教一起从亚欧大陆传入的庭园文化以"为人而建"的庭园为载体，取代了以供奉神灵为目的的庭园，设计理念发生了巨大变化。然而，无论是通过磐座、磐境、神池、神岛来称赞自然，还是经由佛教称赞自然及文化，人们对自然的称赞之情大致相同。

之后苏我马子结合舶来文化建造了"方池庭园"，这是一处在缓坡下方构筑堰堤形成的池塘，如今以梯田田畦的形式保留下来。劳作时节，田圃中灌满水时便会重现往昔的池塘水面景观，站在一角，在对角线的方向还会浮现出双峰骆驼一样的二上山。当时人们认为二上山是一座圣山，山的对面有"黄泉国"。由此，佛教思想与庭园形态日趋融合的情况可见一斑。

方池这一庭园形态虽然没有在日本延续下去，但历史考古发现日本庭园确实起源于飞鸟时代。而庭园也在今后很长一段时间内都延续了与佛教的紧密关系。

橘俊纲与白河上皇对谈

《作庭记》作为世界最早的造园专著之一，成书于11世纪后半叶。传闻其作者是关白藤原赖通之子橘俊纲，在当时担任修理职长官修理大夫一职，负责朝廷土木工程等事务，被公认为日本建筑、土木、造园的第一人。

建造鸟羽离宫的白河上皇曾向橘俊纲询问当时的宅邸排名，本意大抵是希望其称赞鸟羽离宫，但是橘俊纲认为石田殿为首，高阳院次之，自己的伏见亭则排第三，鸟羽殿未在其列。石田殿位于现在的大津、园城寺附近，可俯瞰琵琶湖，从左往右，比良山脉、有近江富士之称的三上山、伊吹山和铃鹿山脉——跃入视野。

高阳院面积可抵平安京的四个街区，其间的微地貌中流淌着瀑布，勾勒出变幻多姿的地形，并借景于三面山峦。伏见亭位于伏见山南麓，俯视着宇治川和巨椋池，并借景于水面背后险峻高山浮现的壮丽景色。

全盘接受这些说法显得草率，但从中可以看出其评选标准注重地形及眺望视野。鸟羽殿有优越的亲水条件，但所处地势平坦、缺乏变化也是事实。在这则逸闻中可以窥探到向处在权力顶端的上皇权威发起挑战的小小意图，虽略显夸张也从中看出庭园在当时的世俗定位，这一点不禁让人兴趣浓厚。

第二节　寓意性的发现：梦窗国师的世界观与足迹
（公元 1200 年前后）

户田：镰仓后期传入日本的禅宗使日本庭园发生了第二次范式转换，伴随其发展，许多日本庭园被建造起来，时至今日仍能看到。范式转换的关键词显然是"象征性"与"抽象性"。

一、禅宗传入与庭园变化

野村：禅宗庭园始于镰仓时代兰溪道隆[16]（1213—1278）开创建长寺。兰溪道隆是中国五山之首的径山兴圣万寿寺住持无准师范的弟子，也是首位向日本讲述正统的竖向直排式禅宗伽蓝的人。稍晚些时期来到中国，在无准师范身边修行的圣一国师[17]（1202—1280）则在京都建造了第一座正统的禅宗伽蓝——东福寺，二者同为径山样式[18]的直排式寺院。

其共同之处在于在方丈室背侧的北面所营造的庭园及绿地空间，这一形式逐渐被普遍接受并延续至今。方丈室原本是住持的居室，自此之后以"方丈之庭"为名在日本各地打造了众多名园。建长寺中营造的是正统庭园，而东福寺则是在"洗玉涧"峡谷上架通天桥营造自然庭园，本以为这两处庭园的原型都在中国的径山可以找到，但实际到访之后发现如今已找不到任何庭园的痕迹。

二、梦窗国师的世界

野村：不只是这个时代，在讲述整个日本庭园历史时，都不可避免要谈到梦窗国师（1275—1351）。如果将前面提及的渡来僧和入宋僧称为第一代将中国的禅宗庭园引入日本的僧人的话，梦窗则可以称为第二代，但却未能前往中国，也因此他对中国的憧憬与向往可以说更为强烈。

梦窗国师（译者注：梦窗国师，原名梦窗疏石，日本镰仓时代末期至南北朝时代、室町时代初期的临济宗禅僧、造园家，被尊称为"七朝帝师"）最初修习山岳密教，之后改为临济宗，先后建造了多治见的永保寺、镰仓的瑞泉寺等众多庭园。其中西芳寺庭园可称为集大成之作（照片 1-11、照片 1-12、图 1-1），从中可以看出日本庭园的代表样式——回游式庭园以及枯山水庭园的初期形态。在西芳寺中梦窗国师展现十景、整修环境，将庭园设计成禅意氛围浓厚的修行场地。回游式庭园由此产生，并发展于后世，这也成为日本庭园的魅力之一。

照片 1-11　西芳寺庭园池泉

照片 1-12　西芳寺庭园枯山水

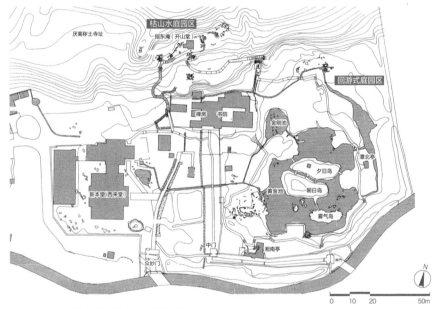

图 1-1　西芳寺庭园总平面图（野村勘治绘制）

另外一处庭园是枯山水样式，以池泉内侧山腰处铺排的石组寓意龙门瀑布[19]，还有为修禅打造的户外修行道场（照片 1-12、图 1-2、图 1-3）。土堤寓意三叠瀑布，每个空间对应不同的修行等级。下段空间是还不能与大师问答的年轻云水僧的修行场；中段空间则是等待与位居最上端的大师进行问答的行脚僧修行的场所；僧人就是一跃龙门的鲤鱼，进入上段空间，与大师问答、参悟、化龙，最后跃过须弥坛瀑布这一阻碍，鲤跃龙门的寓意完整地呈现在户外道场中。下段石砌中的鲤鱼石设计得很有感染力，值得我们关注（照片 1-13）。

照片 1-13　西芳寺庭园枯山水的鲤鱼石

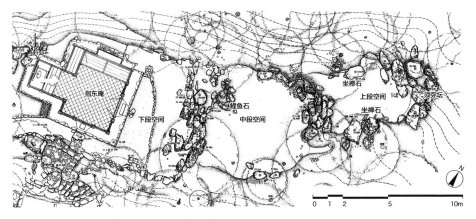

图 1-2　西芳寺庭园枯山水平面图（野村勘治绘制）

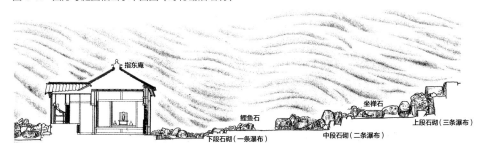

图 1-3　西芳寺庭园枯山水剖面图（野村勘治绘制）

　　禅宗寺院的天花与障壁画（译者注：障壁画，指日本画的画幅形式，日本式建筑中室内障子、屏风、屏障上绘画的总称）中反复描绘龙的形象是为了以龙作为参悟的比喻，激励修行僧人"化龙"。用于修行场所、寓意龙门瀑布的枯山水在后世作为禅院庭园的代表普及到日本全国，其起源便是西芳寺。

三、庭园的象征性与抽象性

　　户田：前面我们提到这个时代的新发现是"象征性"与"抽象性"，但是对待抽象性一词需要更为慎重一些。仔细观察便会发现，枯山水的石组不乏很具象的表现形式，其中在著名的龙安寺庭园、大仙院庭园中，这一现象表现得也尤为显著。或者将"抽象性"解释为"用毫无修饰的自然石这样的抽象素材，尝试进行具体的表现的方式"更能让人认同。

　　野村：确实如此，有很多案例明明简洁处理即可，却复杂化，或者转向表达"虚无的空间"，令人惋惜。枯山水逐渐出现在建筑的前庭及周围，具有代表性的龙安寺庭园便是以龙的形态作为象征意义加以表现（照片 1-14、图 1-4），大仙院庭园则是将龙门瀑布以立体山水画的形式表现出来（照片 1-15、图 1-5）。

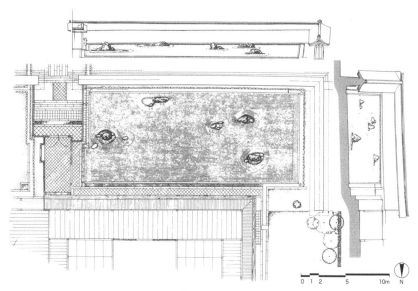

图 1-4　龙安寺庭园平面图及平行透视图（野村勘治绘制）

图 1-5　大仙院（译者注：大仙院，指位于京都府京都市北区临济宗大德寺内的独立小寺院）庭园轴测图（野村勘治绘制）

照片 1-14　龙安寺庭园　　　　　　照片 1-15　大仙院庭园

枯山水美学的关键在于象征性，"比喻"则是重要的关键词。在中国，盆景深受人们喜爱，枯山水的起源应是受到了盆景的影响（照片1-16）。大仙院庭园的地基标高比白沙高出30 cm左右，坐望而去宛如一个巨大盆景，仿佛从挂轴中脱颖而出的立体山水画。

龙安寺庭园具有丰富的象征性元素，可以释义出各种各样的解读和故事，说它是现代艺术也不为过。龙安寺庭园的伟大意义是具有压倒性的，但解释其伟大意义的理由则十分简单。名古屋的庭园研究家泽田天瑞[20]（1927—2008）将庭园理念解释为"参悟之龙"，倘若知晓其论据，其他很多说法都可以理解为空谈。关于龙安寺庭园，希望今后可以更为详细地进行讨论。

户田：虽然时代不同，由重森三玲[21]（1896—1975）操刀建造的东福寺方丈室庭园（照片1-17、照片1-18）将配置在建筑物四周的庭园连接起来，再现了中世以来传承的庭园艺术的哲学与美学精神，与此同时，从现代艺术的角度来说也同样留下了坚实的足迹。

近年来，全世界的景观设计作品中有些会将枯山水蕴含的抽象性与国家本土文化相融合，并形成各自的独特风格，今后与这些作品的邂逅值得期待。

照片1-16　中国盆景

照片1-17　东福寺方丈室（译者注：方丈室，指禅宗寺院中僧侣居住的空间）庭园（重森三玲创作）

照片1-18　东福寺方丈室北庭园（重森三玲创作）

梦窗国师的庭园始于永保寺

在开启中世纪庭园之门的梦窗国师的庭园设计中，尤其独特的就是削切雕凿岩石的手法，该手法起源于日本岐阜县的永保寺梵音岩。从巨大的岩石山顶部垂落的瀑布，由一条扩展成两条、三条，呈网状散开到巧妙雕凿的岩壁凹槽中，体现着创作者高超的美学造诣。

接着是位于镰仓市的瑞泉寺庭园。庭园在正殿背面，采用削切雕凿砂岩表面的方法打造，被称为天女洞的洞窟入口两侧岩壁微妙地前后错开，犹如女性提起和服后自然垂落的下摆，甚是优美。对庭园左边的岩壁进行削切雕凿，形成重合的衣裙褶皱模样，并在其间凿出台阶等，追求如绘画般的细节效果。

是什么激发了梦窗国师勇敢挑战造园呢？答案藏在永保寺观音堂供奉菩萨的如幼虫般的洞窟佛龛里。佛龛使用的是在寺庙前的土岐川中搜集的沉木。将沉木涂漆使其更加坚固耐用，并建造成洞窟形状。仔细看的话，可在洞窟佛龛右侧发现一条一丈长的瀑布落下，这一点与瑞泉寺的洞窟十分相似，其右侧也有一条瀑布。此外，如果将永保寺的观音殿看做洞窟，可以发现其旁边也有瀑布落下，具有相通的意义。

综上所述，建筑物的大殿即是洞窟，随即洞窟也逐渐消失，与瀑布融为一体，变成野外道场。西芳寺的枯山水可以说是这一表现的集大成之作。梦窗国师所建造的永保寺、瑞泉寺、西芳寺的庭园看似不同，但它们所表现出的内涵并不矛盾，都是按照其一贯思想建造而成的。

第三节　身体性的发现：千利休与丰臣秀吉的茶道
　　　　　　（公元 1500 年前后）

一、"茶道"的兴盛与露地空间

户田：幸运的是，在第三次范式转换后建造的庭园大多都被保留了下来，作品的创作灵感也传承至今。

这就不得不提到对这个时代的日本庭园产生巨大影响的"茶道"。镰仓时代，茶与禅宗被一同传入日本，之后发展成为今天的"流派之茶"。流派源于桃山时代的千利休（1522—1591），他将通往茶室的深山之路称为"露地"，茶庭也是在这个时候形成的。这些深山包围的空间被称作"市中的山居[22]"，得到文化程度较高人群的认可（照片 1-19）。

这个"茶道"的庭园不仅是思考的场所，也是具有茶事功能的 1：1 真人尺度的空间。这种 1：1 真人尺度的空间体验作为日后发展出的回游式庭园的思想与功能性的背景起到了巨大的作用。

野村：进入茶室这一极小的世界后，露地作为过渡空间将人引向极大的想象世界，并且创造出了关于"茶道"的

照片 1-19　里千家茶室露地（译者注：露地，又称茶庭，指茶室附带的庭园）（寒云亭前）

种种故事。虽然是战乱的时代发生的事，但却十分有趣。在茶室中一期一会的相遇和认真的较量，以及围绕在其周围具有朴素而细腻的审美意识的露地，有着以往庭园所没有的充满人性尺度的自在空间（图 1-6）。

"市中的山居"这一关键词不仅仅指幽静的茶室。中世京都的街道划分导致每个街区的中央都有被建筑物围起来的空白空间，在那里再现了深山场景并设置茶室，通往"深山"的道路与生活空间相区分，从另外的门进入一条被称为"ロージ"的小路，这便是露地的开端。在这个空白的空间里，构建了另一个远离"尘世"的世界，成为享受与自然合一之"茶"的终极场所。

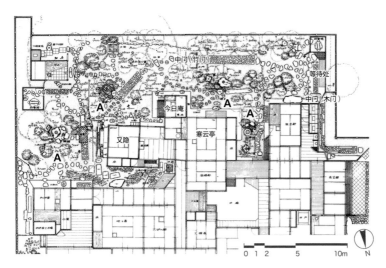

图 1-6　里千家茶室露地平面图（野村勘治绘制）　　注：A 蹲踞（译者注：蹲踞，指设置在茶庭中的洗手钵）

二、露地空间多样的设计

　　野村：通往茶室的露地为之后的庭园建造提供了许多灵感，回游式庭园的景序概念在具体的空间中得以实现。

　　景序由从暗到明、从合到开的循环往复构成，从街道到达露地，再从露地到达茶室。这条不起眼的山路将访客从大空间引导至躝口（译者注：躝口，指茶室中供客人使用的狭小出入口）极小的空间中。此外，还会通过汀步石来控制动线，由此也磨炼出借助五感营造庭园的技法，这就是"茶道"的功绩。

　　如果能理解茶道主人的心情，即使是选择一株植栽，也要利用常绿树、落叶树控制明暗，利用树篱控制视野，利用嫩叶和红叶控制季节和色彩，结合空间调整叶子的大小，等等，可以学到很多技法。"疏技[23]"是京都修剪技法中的一种，其自然风的整修技法也是在露地中形成的。

三、因丰臣秀吉而扩大"茶道"空间

　　野村：丰臣秀吉（1537—1598）对于茶道倾注了异常的热情，他与千利休的许多逸闻都流传至今。丰臣秀吉不仅仅是喜欢茶道，还促使原本在密闭的茶室内演绎的室内剧型茶事发展成在户外空间举办的剧场型茶事。天正十五年（1587）在北野天满宫举办的"北野大茶会"和庆长三年（1598）在醍醐寺举行的"醍醐赏花"大会就是为了显示丰臣秀吉的权威而举行的盛大活动的例子。在醍醐寺的赏花会场中，在山腰的八处设置了带澡堂的茶室，这被认为是回游式庭园和茶室的原型。

千利休的"茶道"在收缩空间的同时提升了精神性。与此相对,丰臣秀吉的"茶道"在扩大空间的同时解放精神,强调社交性。此后这两种极端的"茶道"形态各自发展,产生了露地和回游式相结合的庭园样式,领主们纷纷在各地进行建造。造园家敏感地捕捉到了从战国时代过渡到新和平时代的潮流,并创造出了符合时代的样式。

我们熟知的京都仙洞御所(照片1-20)、桂离宫(照片1-21)、江户小石川后乐园(照片1-22)、时期稍晚的彦根玄宫园,以及再后来的江户六义园和冈山后乐园(照片1-23)的建成,使庭园文化具有了极强的娱乐性。

照片1-20　仙洞御所庭园的出岛

照片1-21　桂离宫庭园中的天桥立(宫内厅京都事务所拍摄)

照片 1-22　小石川后乐园的中岛

照片 1-23　冈山后乐园的溪流

四、从千利休到小堀远州的世界

卢田：进入江户的和平时代后，人们在庭园中投入大量的金钱与时间，打造了内容丰富的豪华庭园。正如充满了人类欲望的幕之内便当（戏剧幕间休息时吃的食物），多样性的空间很符合这个时代的调性。

野村：是的，庭园的魅力在于文化的综合化，精心设计的设施项目和活动推动了日常生活，构建了一年四季都可以感受到乐趣的日本庭园机制。

以下展示了一些庭园的主题：

·中国文化和景观世界；

·能剧、诗歌等文艺；

·文学的世界；

·旅途中的名胜和巡礼的世界；

·平民的生活和乐趣的世界。

桂离宫是将"源氏物语"和"白居易的世界"运用到空间之中，小石川后乐园则是将"中仙道之旅""谣曲""憧憬的中国文化"等运用到空间之中，而日本庭园的魅力和乐趣大约是从这个时代开始展现出来。

户田：日本虽然很好地吸收了其他国家的文化，但是庭园好像并没有怎么受到天主教文化的影响。在小堀远州（1579—1647）的作品中可以看到现代风格的直线设计，那么它与西洋文化有着怎样的关系呢？

野村：现在来说的话，小堀远州作为技术官僚，一生都忙于城郭和皇宫的营造工作。无论去到哪里都有小堀远州作的庭园——二条城、仙洞御所、金地院、南禅寺方丈室、孤蓬庵等，在庭园内不经意地放一块石头，把它比作自己故乡的近江富士，十分有趣。仙洞御所庭园池泉的水岸交界线据说是受西洋直线设计的影响，但是后来经过改造，形成了以曲线为主体的优雅的水岸交界线。

作为公务，小堀远州为天皇和将军建造了御殿和庭园，借"真行草[24]"的话来说他所追求的，就是"真"的世界。但比起造园师，小堀远州更像是一名建筑师。直线可以说是建筑师小堀远州的喜好，但很多人忽略了这是他将中国皇帝的庭园视为"真"而模仿的结果。

当时，在城中禁苑内被广泛喜爱并绘制的是以实行理想中的儒家善政的皇帝为模板的《帝鉴图》。这幅画描绘的是不会随意出现在集市上的皇帝伫立在皇宫庭园里的情景，其中池塘的驳岸采用了石板的直线型设计。可以认为，小堀远州从这幅《帝鉴图》中确信"真"应该是直线及直角的形式。

天主教文化的影响仅限于织部型灯笼等饰品，桂离宫中出现的石子路的远近技法或许也是作者亲身体验后的产物。我也认为，像"黄金分割"和"远近法"这样的平衡感是可以通过体验获得的。

千利休的清扫

庭园中的石灯笼传达着千利休的独特匠心。千利休在结束冬夜茶会回家的途中经过神社时，被即将燃烧殆尽的烛火的摇曳之姿吸引。这便是将石灯笼引入庭园的开端，可见千利休引入石灯笼并非为了照明，而是为了使庭园更具风情。

青年时代的千利休被称为"与四郎"，当时他的老师武野绍鸥命令他打扫庭园，打扫完让老师检查后，武野绍鸥又命他重新打扫一遍，之后又打扫了几次也没有获得认可。千利休终于忍不住向师父询问缘由，武野绍鸥用手中的拐杖敲打树枝，千利休才明白地面上散落着红叶的鲜艳点缀才是清扫的奥秘。

这个趣闻作为横山大观所绘制，以"千与四郎"为题的六折一对的屏风而广为人知。画中描绘了年轻的与四郎（千利休）手持扫帚独自站在遮蔽露地的常绿树下，唯一一棵红叶树是柿树，落叶散落在苔藓上，表明清扫的真谛不在于干净，而在于优美的氛围。

打开大名庭园之门的尾张藩庭园

尾张藩的庭园对江户时代兴起的大名庭园也有出人意料的贡献。名古屋城因二之丸庭园而广为人知，其实另外还有一处利用背面湿地打造而成的宽广池泉庭园，名为"御深井御庭"。小池畔零星散落着茶屋，有烧制御庭茶碗等的窑炉，池中漂浮着御座舟。

重建后的城中央的上洛御殿是将军德川家光上洛（译者注：上洛，即从地方城市前往首都京都。平安时代出于对中华文化的推崇，京都被称作"洛阳"，故将前往京都称为"上洛"，与之相反从京都前往地方城市则被称为"下洛"）时居住的宫殿，但当时让德川家光看后羡慕不已的庭园不是二之丸庭园，而是御深井御庭。

此后在江户城内建造的就是"吹上庭园"，接着就是与德川家光关系亲如兄弟的水户赖房建造的小石川后乐园。之后随着幕府政策的放开，各藩邸中相继开始了庭园建设。

在第二代藩主德川光友时期，尾张藩在江户西郊户山的别邸建造了江户城中最大的庭园——户山庄。庭园内有广阔的池泉和假山，山麓再现了"小田原"旅馆所在的宿场町（译者注：宿场町，指以驿站为中心发展起来的街道），相当于现在的主题公园。如今户山公园中的假山被称为箱根山，是东京都内海拔最高的地方。

小堀远州和富士山的逸闻

小堀远州的庭园里，必然会有标志性的富士山石。庭园中大多都是顶部圆润的近江富士型的富士山石，如果将这一设计与其故乡的近江名峰相联系就可以理解了。因此，也可以认为庭园中只要有富士山石的话，肯定就是小堀远州的作品。相传小堀远州位于备中高梁的赖久寺庭园里有孤蓬庵和一模一样的富士山石。二条城、仙洞御所虽然不能明确断定是否设置了富士山石，但可以在庭园内看到形态类似的石头。不过他对于天皇和上皇的庭园仍有所顾虑，因此并没有设置富士山石。

代表作之一的金地院庭园曾被断定没有采用富士山石。但是近几年，为了使优美的石组展现在眼前，对覆盖在石头上的杜鹃进行了清理，在内侧发现了青绿色的富士山石。将此情况报告给住持，并建议移除杜鹃后，发现了在鹤龟石组中央的富士山石。此处也成为来访宾客不可错过的石景。

第四节　自然的再发现：山县有朋与植治的近代庭园
（公元 1900 年前后 ）

改变了日本庭园方向性的无邻庵

户田： 如果没有山县有朋（1839—1922），日本庭园也无法在明治维新后完成第四次范式转换。山县有朋与植治[25]（1860—1933）一起建造的无邻庵庭园是这个时代的象征。明治初期，西方文化如怒涛般涌入日本，虽然不是建造日本庭园的好时机，但 1896 年无邻庵庭园正式建成。庭园在明治维新的社会背景下诞生，对于这一风格又该如何解释呢？我认为可以解释为其是在当时卢梭提出的"回归自然"的自然思想从欧洲传入日本后带来广泛影响下的产物。从山县有朋的言行中我们看不到作为宗教以及有修养的人的坚实背景。因此，虽然没有根据，但是否可以推测出山县有朋理解了自然主义，对此，你是怎么认为的呢？

野村： 山县有朋去过欧洲，看到了少有起伏的田园风景（照片 1-24）和西洋花园（照片 1-25），应该或多或少受到影响。而改变了迄今为止的日本庭园面貌的无邻庵庭园（照片 1-26）是一系列被称为"无邻庵庭园"的庭园中的第三处，我想从此进行阐述。

最初建造的无邻庵是下关郊外位于梯田山麓的庵，庵前有水流缓缓而过，这在日本是随处可见的风景。这个庵是在山县有朋怀才不遇时期建造的，可能是残存在他心中的这份风景对现在的无邻庵产生了影响。现在的无邻庵也是向内逐渐抬高的地形，同样有着流水，与梯田有许多共同点。

山县有朋的故乡山口的常荣寺庭园（雪舟作庭），其构成也和无邻庵十分相似，喜欢庭园的山县有朋一定也曾去此处参观学习过。无邻庵在庭园后方深处设置瀑布，形成流水，在前方设置枯山水的构成与长荣寺庭园相同。此外，池塘的水面高出建

照片 1-24　维也纳郊外的风景

照片 1-25　法国巴洛克风格花园

照片 1-26　无邻庵庭园

筑地面，标高也都参考了常荣寺庭园的设计。

另外，无邻庵最深处的"三段瀑布"模仿了三宝院庭园，回望时看到的溪流与小石川后乐园的大堰川如出一辙。将丰臣秀吉在三宝院没能使用的"残念石[26]"放置在与小石川后乐园的屏风岩相同的位置，山县有朋对丰臣秀吉的敬爱以及对于历史庭园的借鉴在多处都有所体现。结合这些元素，山县有朋充分发挥出自己在审美意识和兴趣上的潜力，打造了无邻庵庭园。

负责造园的植治的伟大之处在于，他几乎颠覆了过去常规的庭园营造法则，并非因为山县有朋是最高权力者就无条件地顺从，他自己也具有在造园中能发现亮点的灵活性。通过模仿众多庭园打造而成的无邻庵庭园，在后世也成为在全国范围内被众多庭园模仿的名园。

户田　尽管价值由后世决定是历史惯例，但是我不认为庭园的范式转换只是由个人的兴趣和一己之力引起的。江户时代之前建造的日本庭园的解体持续到明治时代后期，日比谷公园等西式空间也开始出现，没有人再去关注新的日本庭园。在这种大环境下，山县有朋和植治合作建造了新式的庭园。运用从琵琶湖水渠导入的丰富水资源，在因废佛毁释〔译者注：废佛毁释发生于日本明治元年（1868），是明治政府打压佛教的运动〕而荒废的南禅寺建设新别墅群等一系列的开发活动是支撑建造庭园的背景。

之后庭园风格也有所变化，孕育了作为日本庭园主流且延续至今的风格。在文学方面，自然主义和白桦派兴起的大约十多年前，无邻庵庭园已建成，由此应该可以认为是庭园抢占了时代的先机吧。如果确实如此，日本庭园就是这个时期日本文化的先锋，虽然这个想法让人感到很振奋，但这也许就是我的胡思乱想罢了。

专栏1-7

山县有朋探索的造园艺术

除了无邻庵，山县有朋还建造了其他几个庭园。但遗憾的是，没有一座庭园是保留完整的，不过仍能从中发现山县有朋的喜好。作为山县有朋主要居住场所的椿山庄，在山县有朋生前被藤田氏所继承，这个时期出现了可称作庭园象征的三重塔，山县有朋时代的影子在草坪微地形、峡谷溪流中隐约可见。

此外，还有三处别院均名为无邻庵，第二处无邻庵在京都加茂川二条大桥西南河畔的角仓了以旧宅遗址上建造而成。庭园从高濑川水系的禊川引水，流水如池塘般宽阔，这成为庭园的一大亮点。山县有朋在现在的无邻庵建造完成后便放弃了这里，虽然已无法弄清楚庭园之中究竟还留存了多少山县有朋的喜好，但流水景观确实为山县有朋所爱。

山县有朋于晚年时建造了小田原古稀庵并在此终老，这里充分体现出其探索的庭园观。站在高台上俯视，空间构成与椿山庄相似，而流水则与无邻庵相似。整体划分为三级平台，最上一级是建筑，二级、三级逐级降低形成立体结构，一眼望去，正面是因丰臣秀吉的一夜城（双方对战时，针对对方城池而在极短时间内建造起来的城池，以作为针对对方的作战阵地）而为人熟知的石桥山，右侧则是相模湾风景，目之所及，蔚为壮观。如今庭园树木繁茂，难以看清庭园全貌，更令人遗憾的是建筑也已不复存在了。

1. 东京椿山庄庭园
2. 小田原市古稀庵庭园

第二章 讲述桂离宫的美与技

导言

提及对桂离宫庭园的观后感想，任何人都会说"真是太美太好了"。如果接着往下问"好在哪里呢"，便会得到"就是觉得所有都很美好"这样模糊的回答。"花、红叶都很美，还有很多锦鲤"，这样的回答确实是事实，但只停留于常规的庭园鉴赏，不免令人惋惜。因此，针对桂离宫庭园"何为美，如何美"这一问题，我决定追随其魅力的本质，对设计进行解析。

前一章大致介绍了日本庭园的历史，日本庭园最繁盛、辉煌的时期处于桃山时代至江户时代。桂离宫庭园在当时就获得了极高的评价，其中"小崛远州的 Kireisabi（绮丽寂び）"［译者注：Kireisabi（绮丽寂び），指远州流茶道创始人小堀远州主张的茶道理念，在侘寂的世界里加入绚丽华美的元素以实现调和之美］更是成为各地庭园的参考。毋庸置疑，这座庭园发挥着串联起景观设计过去与未来的重要作用。

景序次第展开的巧妙、空间的美感、布局的精细、若有若无的寓意氛围，桂离宫无论从哪一处看都是绝佳的设计，令观者着迷不已。加上长年累月地追求主题设计，缜密的计算实现空间布局，最终营造出与主题相呼应的氛围。所以，我认为桂离宫庭园应当可以称得上是风景园林界的瑰宝。

可以试着依据创作流程追寻庭园的思想、框架、表现，从而进一步理解桂离宫庭园的设计。相信这个过程会激励现代景观设计师思考，启发他们获得新的灵感。接下来我想用我们的日常语言从建造背景到具体设计乃至使用方法几个方面，来一一讲述桂离宫庭园。

但是，必须事先说明的是，从过去的作品中理解其创作过程是十分困难的事情。而且相比西洋花园，日本庭园的框架并不明显，更多的是通过局部最优解，即利用优美设计的集合实现空间连续。换言之，比起几何学空间，日本庭园多是由人为引导的具有时间特征的空间来构成，所以考察起来更加困难。但是，如果不打开这扇认知之门，就难以解读日本庭园，或许永远无法将日本庭园的本质传达给现代景观设计师。因此，我想从整体到局部详细观察桂离宫庭园的框架与表现形式，通过以下步骤来揭开桂离宫庭园的面纱。

解析桂离宫庭园的美与技所需的四个步骤

第一步　解析桂离宫庭园的建立及变迁——三个条件

桂离宫建立的历史可以追溯到飞鸟时代。此地因治理桂川的秦氏而文化繁荣，平安时代藤原道长的"桂山庄"就建在此处。之后历经各种变迁，八条宫家建造了桂离宫。

① 桂离宫周边的情况—— 桂川的泛滥和治理。

② 孕育桂离宫的文化背景—— 从圣德太子到八条宫。

③ 桂离宫的历史变迁—— 第一代智仁亲王和第二代智忠亲王。

第二步　解析桂离宫庭园的营造理念——三个世界

对遥远平安时代的致敬与唐代白居易的世界相关联，通过赏花、赏月、赏红叶来款待访客。另外，还引入了"茶道"的世界，以主题公园的形式实现了品茶和游览的乐趣。

① 白居易的世界 ——白居易的生涯和诗的世界。

② 源氏物语的世界——故事中的美好世界。

③ 茶道的世界 ——茶事编织的佗的世界。

第三步　解析桂离宫庭园的整体规划和空间体系——四个构成

整理庭园构成所必需的"轴线的构成"，规范功能及景观的"空间的构成"，回游路、露地的"移动的构成"，日常生活以及遵循季节发生的行为与事件的"季节和行为的构成"。

① 轴线的构成 ——框架轴和园内景观轴。

② 空间的构成 ——"真""行""草"与明暗的分区。

③ 移动的构成 ——场景序列和步行速度。

④ 季节和行为的构成 ——茶事与活动的分区。

第四步　解析桂离宫庭园的设计技法——两个目的和四种技法

将日本人所具有的审美意识作为"庭园词汇"进行表现，以景观设计师的通用语言阐述庭园的空间及设施。

① 设计的目的 ——待客的设计。

② 设计的技法 ——四种设计技法。

③ 用与景的设计 ——"真""行""草"的表现。

④ 主要区域的设计 ——两个区域的设计。

⑤ 细节考察。

第一节　桂离宫庭园的建立及变迁 —— 三个条件

户田： 提及桂离宫就会有各种数不尽的逸闻趣事，这便需要我们整理其建成之前与历史、自然等的关系，它们在很大程度上影响了桂离宫的框架及内容。桂离宫位于京都西南部，与桂川关系密切，另外与平安时代建造的山庄也有关系，接下来我们将解读这些关系并加以梳理。

一、桂离宫周边状况

野村： 首先从桂离宫的地理位置说起。桂离宫位于京都中心区域的西南方向，坐落在桂川岸边（图 2-1）。历史上的桂川经常泛滥，其名称便表示这里是蔓草（译者注：蔓草，日语写作"葛"，同"桂"发音相同）丛生的荒地。

挑战这片土地的是作为外来民族的秦氏[27]，他们在现在的渡月桥上游建造堤堰，大力治水，灌溉农作物，终将荒野变沃野。渡月桥附近（照片 2-1）便因这座堤堰被称为"大堰川（或称大井川，日语中"堰""井"发音相同）"，

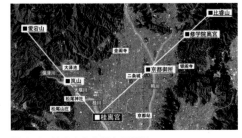

图 2-1　桂离宫和京都市区地图

与上游的保津川和下游的桂川区别开。秦氏的氏神供奉在松尾大社[28]，其南面是与任那[29]颇有渊源的月读神社。"月读"意为月龄，作为与农耕密不可分的神灵被熟知。

中国的月桂传说中有"月桂高五百丈"的记载。桂在中国指的是金桂，中秋月圆时香飘四溢。

在京都盆地中，相比东山附近的左京，位于西侧的右京能更早看到月亮初升，加之右京多池塘、沼泽，可以一览水中映月景观。而在右京南部"蔓草"丛生的"桂之里"内建造的山庄就是桂离宫的起源（图 2-2）。

照片 2-1　渡月桥

图 2-2　桂离宫周边地图

二、建造桂离宫的文化背景

野村：最初建造在这片土地上的是圣德太子（574—622）的桂宫院（位于现在的广隆寺境内），之后嵯峨天皇（1220—1272）的嵯峨院和关白藤原道长[30]（966—1027）的"桂山庄"相继建成。其中桂山庄更是被看作《源氏物语》松风卷的舞台原型，是都城人缅怀王朝的特别之地。

之后，山庄遗迹归道长的后裔近卫家所有，进入战国时代又归细川藤孝（幽斋）[31]（1534—1610）所有，随后又成为古田织部[32]（1544—1615）的领地。古田织部当时担任德川秀忠**（译者注：德川秀忠是江户幕府第二位将军）**将军的茶道侍从，在大坂夏之阵**（译者注：大坂夏之阵是大坂战役的一部分，日本历史上扭转乾坤的一刻，在这场战役后，作为战胜方的德川家一鼓作气统一了日本，日本结束长达一百多年的战国时代，进入大一统时期）**前，被发现其家臣与敌对的大坂方面勾结，被迫自杀。之后，这片土地被后阳成天皇（1571—1617）的弟弟八条宫智仁亲王（1579—1629）所拥有，今日的桂离宫［当时是宫家**（译者注：宫家，指赐予宫号的皇族之家，亲王、诸王之家）**的山庄，图 2-3］由此诞生。

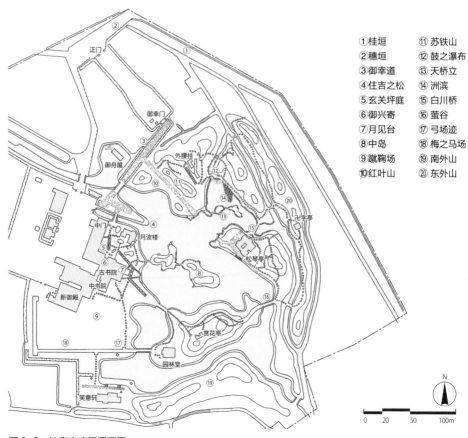

①桂垣　　⑪苏铁山
②穗垣　　⑫鼓之瀑布
③御幸道　⑬天桥立
④住吉之松　⑭洲滨
⑤玄关坪庭　⑮白川桥
⑥御兴寄　⑯萤谷
⑦月见台　⑰弓场迹
⑧中岛　　⑱梅之马场
⑨蹴鞠场　⑲南外山
⑩红叶山　⑳东外山

图 2-3　桂离宫庭园平面图

三、桂离宫的历史变迁

1. 八条宫智仁亲王

户田： 可以说命运多舛的八条宫父子因彼此共同的梦想造就了桂离宫，不过我想先讲述一下桂离宫建造完成之前父子二人的人生百态。

野村： 提及八条宫家便绕不开丰臣秀吉。当时丰臣秀吉苦于无子，便将后阳成天皇的弟弟古佐磨收为养子，并打算让他继任关白（译者注：关白，是日本古代职官，本意源自中国。该词经遣唐使引入日本，逐渐成为辅助天皇处理政务的重要职位，相当于中国古代的丞相）。但是之后其侧室淀殿生下了鹤松，作为解除养子关系的条件，丰臣秀吉创设了八条宫家，十三岁的古佐磨由此成为八条宫智仁亲王。丰臣秀吉死后，后阳成天皇欲将帝位传给智仁亲王，但因德川家康的反对而作罢。

智仁亲王既没能继承关白，也没能成为天皇，能抚慰他心情的便是古典文学，他从细川幽斋那里获得了"古今传授[33]"，而"古今传授"在当时则是首席歌人的证明。此外，他还建造完成了代表其终生成就的桂山庄。庆长十四年（1609），他在中秋赏月时吟诵道：

"今夜明月、桂树、红叶皆光彩夺目，然朴实无华之露水、时雨同样熠熠生辉。"

从中可以看出智仁亲王对桂树的感情非同一般。

古书院建成于庆长二十年（1615）。宽永二年（1625），金池院崇传访问于此，据当时编写的《桂亭记》[34]记载，庭园已具有可以与中国的潇湘八景、西湖绝景相媲美的风貌，周边远景也独具特色。然而智仁亲王在山庄建成五年后，即宽永六年（1629）的四月与世长辞。回首过往，智仁亲王五十一年的生命就如这红叶般被迫卷入时代的惊涛骇浪中，历尽坎坷。

2. 八条宫家第二代当主智忠亲王

野村： 第二代当主智忠亲王（1619—1662）是智仁亲王的长子，生于元和五年（1619），六岁时成为后水尾天皇[35]（1596—1680）的养子，八岁时受封为亲王，命名为忠仁，后又改名为智忠，宽永十九年（1642）与加贺藩主前田利常之女富子结婚。得益于与前田家的结亲，智忠亲王拥有了一百万石的援助，可以说这为重建一度荒废的桂山庄提供了坚实的后盾。另外，富子的母亲是德川秀忠的女儿珠姬，珠姬的姐姐是丰臣秀赖的妻子千姬，妹妹是后水尾天皇的皇后东福门院德川和子，弟弟则是三代将军德川家光，这也意味着八条宫家的家庭关系逐渐从丰臣家转向德川家。

桂山庄的重建一般认为是始于宽永十八年（1641）对中书院进行增建。考虑到通风、采光等因素，将房间做后退处理，呈"雁行"排列。庆安二年（1649），庭园水池往西南方向扩大，对松琴亭也做了彻底的整修。除了桂山庄，八条宫家在其背后的松尾山也建有山庄，白天可以去松尾山采蘑菇，夜晚则在桂山庄赏月。

当时正在开展修学院离宫设计规划的后水尾上皇（译者注：后水尾天皇于1629年退位后作为太上皇摄政期间被称为后水尾上皇）造访了名声颇高的桂山庄，翌年下御茶屋建成（照片2-2）。也有说法认为，设置上、下御茶屋的构想是参考了桂（译者注：桂是日本地名，位于京都市西京区，桂川西岸区域）的"松尾山庄"和"桂川桂山庄"的庭园构成。宽文二年（1662）在修学院离宫受到款待的智忠亲王，邀请后水尾上皇御幸桂山庄，并借此时机计划增建御幸御殿（新御殿）（照片2-3），却在三个月后便去世了。其继任的第三代稳仁亲王（1643—1665）是后水尾上皇的皇子，于宽文三年（1663）三月恭迎上皇亲临。可以说这次到访（御幸）是光源氏在松风卷中表达期盼天皇亲临之意后，时隔七百年的又一次御幸。

照片2-2　御幸门

照片2-3　书院

3. 明治以后的八条宫家

野村：之后八条宫家先后改名为京极宫、桂宫，明治十四年（1881）家系绝嗣，后于明治十六年（1883），桂山庄归宫内省管辖，并正式更名为桂离宫。据说当时便做了全面修缮，还重新整修了"桂垣"（译者注：桂垣，指桂离宫特有的竹篱笆，横向使用竹穗、竖向每隔一段距离放置对半劈开的竹子形成的竹墙样式，也有将新鲜竹子直接弯折做成的篱笆样式）、"穗垣"（译者注：穗垣，指一种竹篱笆，竖向为粗的竹子，横向编入竹穗）和御幸道的"霰零"（译者注：霰零，是铺石的一种，用同样规格的卵石铺砌）。

桂离宫自创建以来就享有盛誉，明治以后也多次用来接待国宾。普遍认为是布鲁诺·陶特[36]发现了桂离宫的价值，但没有谁能比日本人更加清楚桂离宫的美。布鲁诺·陶特的评价让我们再次认识到，即使在现代，桂离宫仍然值得学习。

专栏 2-1

京都的东与西——风景与历史

桂川流经的京都西郊洪水反复泛滥，湿地较多，自古以来居住环境就不理想，原住民加茂氏就以水势相对稳定的贺茂川水系东侧作为居住地，留给之后的外来民族秦氏的是条件相对恶劣的桂川水系附近区域。秦氏凭借从西晋经百济传来的先进治水技术把荒野变成沃野，积累了财富，人们普遍认为是他促成了之后的平安迁都。

但是，迁都后西侧的居住环境仍然不理想，都城的重心则转移至东侧，相对于东边的都城中心，西边属于郊外地区。由此，桂川水系成为了都城人的游玩之地，并将与西方净土的形象相吻合且带有庭园、池塘的寺院及别墅建于此处。嵯峨天皇的嵯峨院、藤原道长的桂山庄、待贤门院的法金刚院均为代表案例。作为普通住宅区，如果将条件恶劣的湿地进行整改的话，就可以很容易地改造为寝殿造的庭园和净土庭园，之后成为桂离宫的藤原道长的山庄应该也是利用了现有的沼泽地进行整改的。

当时的庭园建造中必不可少的就是广阔的池塘，唐诗中描写的西湖和洞庭湖中倒映的明月美景在这片桂之地得以重现。

第二节　桂离宫庭园的营造理念——三个世界

户田：营造桂离宫的原委已经明了，但两位亲王究竟想要在桂离宫庭园中表现怎样的世界这一点，需要通过概念性的方法进行验证。通过"理念"这个词来解说日本庭园的"古典"内容的这一方式或许不太被人们所熟知。但是为了探寻桂离宫的建立背景及亲王的思想背景，需要以新的关键词"三个世界"为背景来进行叙述。

一、白居易的世界

1. 白居易的挫折与荣耀

野村：桂离宫的理念之一是"中国的世界"，这一点或许出人意料，但实际上活跃于日本平安时代的唐朝诗人兼官员的白居易确实对桂离宫产生了巨大的影响。

高级官员白居易曾作为亲信侍奉皇帝，但因其强烈的正义感，而被贬谪到离京城很远的江州乡下，之后他在郊外的庐山上修建了草堂。当时，白居易将"陋室也罢""寒窗亦可""草席度夏"等放弃出人头地、委身隐居的生活态度寄托于诗歌中。

但他升迁来到杭州，游览西湖[37]之时，在诗《春题湖上》中赞美其风景之优美，将充满喜悦的生活展现在人们眼前。回到京城后，白居易在被贬之地所体会到的"悲哀与隐居的山居世界"以及"喜悦与希望的湖上世界"，以《白氏文集》的方式呈现出来，并几乎同时传入日本，成为平安时代的殿上人（译者注：殿上人，指古时日本宫廷中被准许上殿的人）所憧憬的世界。其中西湖因为是赏月胜地，所以经常被作为诗的题材使用，"月波楼"（照片 2-4）这一名称也是取诗中的一节来命名的。

喜爱风花雪月和美酒的诗人白居易的信息通过遣唐使传到日本，他在洛阳的府邸也对平安时代的日本庭园产生了巨大的影响。桂离宫中还能看到不少他的影响所带来的痕迹，这里想从这个角度重新审视整个庭园。

照片 2-4　月波楼（湖的世界）

2. 桂离宫中表现的白居易的世界

户田： 白居易相关的世界在桂离宫庭园中有所体现，这让我感到意外，江户时代距唐代已有700多年，但日本人对中国文化似乎还有着很强烈的憧憬。

野村： 是的，中国文化对日本产生了很大的影响，在庭园的几个区域均有体现，值得关注。白居易经历了跌宕起伏的人生，桂离宫将他在各地的回忆与风景相结合进行展现。将悲伤的世界作为"山的世界"，设置山路、卍字亭（照片2-5）、赏花亭（照片2-6）、凉亭和茶室。另外，将喜悦的世界作为"湖的世界"，在池塘、堤岸、桥上等各处设置石塔和石灯笼（照片2-7），展现西湖美景（照片2-8、照片2-9）。

此后，大名庭园中西湖堤岸的大量出现，也是受到白居易诗歌的影响。

照片2-5　卍字亭（山的世界）　　照片2-6　赏花亭（山的世界）

照片2-7　土桥与板桥的连续景观

表2-1　山的世界与湖的世界

山的世界 （左迁、挫折、静、阴） （照片2-5、照片2-6）	·卍字亭（四把椅子）——引用在作为左迁之地的江州庐山建造的"草堂"中与朋友畅谈的四把椅子 ·赏花亭（山丘之上）——喜爱花卉的母亲在自家的井边意外去世（挂在亭子上的龙田屋的暖帘原本位于家中井台边的亭）
湖的世界 （荣升、希望、动、阳） （照片2-4、照片2-10、照片2-12）	·池泉（整片池塘）——荣升之地，杭州西湖的仿造 ·古画的堤堰（松琴亭前）——西湖白堤（白居易修建），唐代； 　　　　　　　　　　　　　　西湖苏堤（苏东坡修建），北宋 ·岬型石灯笼（天桥立）——西湖三潭印月灯笼的仿造 ·石造层塔（中岛池畔）——西湖畔雷峰塔（日本庭园的层塔表现山寺时会搭配假山进行设置，池畔的层塔比较少见） ·土桥（园林堂及中岛周边）——穿梭于江南水乡石造圆月桥间的水乡巡游 ·月波楼（池畔）——引用歌颂西湖的诗《春题湖上》中的一节"月点波心一颗珠"（从月波楼远眺卍字亭方向的秀丽景观，古画中的堤堰横跨其间，与雷峰塔上所看到的景致相似）

照片 2-8　西湖雷峰塔　　　　　　　　照片 2-9　西湖苏堤圆月桥

日本庭园与中国名胜

　　日本庭园的主题和名景大多出自中国，其中使用最多的"蓬莱"就是面临渤海的山东省海岸某处的地名。传说有长生不老仙药的蓬莱岛也被称为"三岛"或"四岛"，由来名称源自此处看到的海市蜃楼，日本庭园的一半以上都是采用这个主题。

　　效仿中国名胜的案例中，山以"庐山"为代表，湖以"西湖"为代表。由于白居易的诗歌，西湖成为日本人最为熟悉的湖泊，与横跨的苏堤一起被描绘在一元人民币纸币上。苏堤在大名庭园中被多次借用，例如小石川后乐园、芝离宫、广岛缩景园等。但是，大多都是牵强附会，未必同周边景致相呼应。

　　最热衷于效仿西湖的就是桂离宫。池边设置了仿照"西湖十景"而作的名胜古迹，从古书院的月见台眺望的远景就是"雷峰夕照"，岛上矗立的层塔与远景融为一体。岬型石灯笼的球状形态反映的便是"三潭印月"。

　　不可思议的是，代表西湖的"苏堤春晓"的苏堤并未被发现，但红叶的马场和松琴亭曾经通过一片堤堰相连，这可能便是对苏堤的模仿。更深入探索，会发现土桥如同圆月桥，书院前和园林堂前的土桥也呈直线相连，坐在船中从桥下穿过时观赏景色宛如置身于江南水乡的美景中一般。

　　如果以此为前提，御幸道的土桥就是"断桥残雪"中白居易走过的白堤石桥。代表日本庭园的名景是由中国的名胜造就的，这样说也不为过。

二、源氏物语的世界

　　户田：我早就听说过桂离宫是想要重现《源氏物语》中梦幻世界的说法。《源氏物语》中的情景具体被展现在何处，以下将通过具体的空间表现来揭示。

1.《源氏物语》与八条宫家

　　野村：《源氏物语》被公认为日本古典文学中的经典，自古以来就作为必读的书籍而被人们所熟知。作为当时具有代表性的文人八条宫智仁亲王也十分喜爱源氏的世界。此外，亲王对源氏的偏爱不仅限于其教育意义，更是因为自己的立场也与光源氏相似。

光源氏和智仁亲王虽然都是皇子，但在各种政治压力下都没能成为天皇，虽然命途多舛，但他们学识渊博，精通管弦，过着修身养性的生活。智仁亲王倾注热情建造了桂离宫，并留下了只将月亮视为好友的和歌。

"望月为亲，言无不尽。"

第二代智忠亲王在加贺藩的强力援助下，进一步深化了父亲智仁亲王的思想，将小堀远州的"Kireisabi（綺麗寂び[39]）"更具体地植入桂离宫中，实现了王朝复古，再现了《源氏物语》的效果。桂离宫弥补了大志未成便去世的父亲之遗憾，也传承了智仁、智忠两代亲王的故事。

2. 桂离宫中重现的《源氏物语》

野村： 桂离宫庭园虽然重现了《源氏物语》，但并未涉及全部的五十四卷。庭园是根据描述光源氏被赶出京都，来到明石生活的"须磨卷"中的濑户内海的风景和以容易塑造出来的当地景色为舞台的"松风卷"等进行的创作（图 2-4）。

（1）须磨卷

请求流放后，光源氏来到明石暂时栖身，与明石入道的女儿"明石之君"结亲。以"明石""须磨""澪标"之卷中的故事为风景，在以"松琴亭"为中心的露地区域集中进行表现。

庭园：

松岛的"海边茅屋"（须磨的源氏邸）——松琴亭的外观（照片 2-10）。

（2）明石卷

能看见淡路岛的海——"天桥立"（译者注：天桥立，日本地名，是簇拥着约 7 000 棵松树的长 3.2 km、宽 40～100 m 的长条形沙洲。从空中看就像一条舞动的白色架桥，所以取名"天桥立"）附近的池塘与岛屿（照片 2-11）。

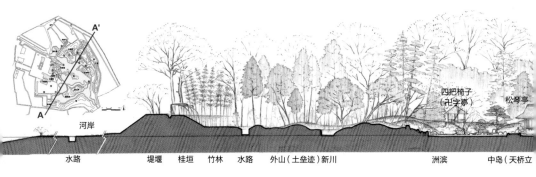

图 2-4　主要剖面图（野村勘治绘制）

建筑：

"明石""澪标"之舟——笑意轩，楷形的拉门把手。

（3）澪标卷

庭园：

住吉参拜——"住吉之松"（照片 2-12）；

难波之海——右岸是"住吉之松"，左岸是"高砂之松"（枯死），中间是广阔的池泉；

住吉神社太鼓桥——御幸道中门前的土桥。

照片 2-10　松琴亭和天桥立（湖的世界）

照片 2-11　从松琴亭看到的书院

照片 2-12　住吉之松和松琴亭（湖的世界）

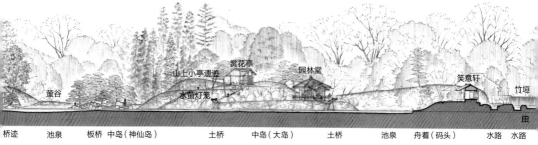

萤谷　　池泉　　板桥　中岛（神仙岛）　　　　　　土桥　　中岛（大岛）　　　土桥　　池泉　舟着（码头）　　水路　水路

桥迹

田

建筑：

澪标的标（同音的联想形态）——御幸御殿，栉形窗。

（4）松风卷

松风卷讲述了追随光源氏来到京城的"明石之君"，在父亲明石入道修整的大堰川（桂川）附近宅邸与源氏重逢的故事。大堰邸周边的风景与明石的海边十分相似，"明石之君"在此眺望，感慨万千。源氏每个月仅从桂山庄来此处两次，"明石之君"一直为此烦恼，想着这总比一年一次的七夕好吧。

庭园：

酷似"明石之海"的大堰邸周边——松琴亭中海和粗简的隐居之所、琴音、松鸣；

满是岩石的海滨——荒矶（松琴亭的东对岸）（照片 2-13）；

大堰川——"鼓之瀑布"和石桥（照片 2-14）。

建筑：

月光澄澈的桂之里——新御殿，月文字把手；

与琴声和鸣的松树——乐器之间，松叶把手；

源氏与明石的约定——松琴亭壁橱，系有绦带的把手。

桂离宫庭园中，松琴亭周围充满了与《源氏物语》相关的设计和表现，并且有着将作者的喜好及与其产生共鸣的鉴赏方式传承至今的最优秀的空间造型。主题引用古典文学和小堀远州的"Kireisabi（綺麗寂び）"、两代亲王的亲情故事等，多重的表现方式具有深化庭园之意义的作用，不可或缺。

照片 2-13　松琴亭东对岸的荒矶　　　照片 2-14　"鼓之瀑布"上架设的石桥

三、茶道的世界

户田： 桂离宫里有很多以松琴亭为代表的品茗设施。虽然这里举办过各种各样的茶会，但是庭园整体的构成与茶道的关联又是如何的呢？

1. 抹茶的传入和斗茶的开始

野村： 在讲述"桂离宫中如何构建茶道世界"之前，先来回顾一下茶的历史。

镰仓时代，抹茶与禅一同传入日本。茶有着提神的功效，能消除坐禅修行时的困意。好比苦咖啡变成一种嗜好，茶在僧人们之间流行开来，之后，在经常出入僧院的武家（译者注：武家，指武士系统的家族、人物）、公家（译者注：公家，指服务于天皇与朝廷的、住在京畿的五品以上官僚）等上流阶级间也广泛传播。到了室町时代还发展出了"组香[40]"等娱乐活动。再之后便出现了以猜茶的产地为规则的"斗茶[41]"，同"组香""连歌（译者注：连歌是日本古已有之的一种诗歌形式，但是渐次成长而居于文坛独立的地位，却是从镰仓时代开始。在平安朝中期的即兴唱和中，一人作前半的五、七、五，叫长句，另一人接后半的七、七，叫短句，合起来便成为一首由三十一个假名构成的歌）"一起成为重要的社交活动，连同茶会礼仪也一并进行了重新梳理。如今，茶道的规矩和茶会的举办方式等，都沿袭了斗茶的活动方式。

据记录斗茶情景的《品茶往来》[42]记载，茶会在拥有庭园的宏大御殿中进行。首先，参加者会在会场内接受美酒与美食的款待。之后暂时离席，在楼阁和桥上驻足停留，眺望瀑布和池泉以等待斗茶的正式开始。

有趣的是，由足利义满〔译者注：足利义满，是室町幕府的第三任征夷大将军（武士最高职位），后又担任朝廷文官最高职位的太政大臣。他实现了日本南北朝的统一，并且建立了鹿苑寺，即金阁寺，促进了北山文化的繁荣，成就了室町时代政治、经济和文化的全盛时期〕建立的北山金阁寺和由足利义政（译者注：足利义政，是室町幕府的第八任征夷大将军。在文化方面，他重文化，广招贤，并建立了东山殿，即慈照寺，也称为银阁寺。与代表着第三代将军足利义满时期的北山文化相对应，这个时代的文化潮流被称为强调"侘寂"之美的"东山文化"〕建立的东山银阁寺以庭园为中心建造了进行斗茶的会所，又围绕着会所建造庭园。换个角度来看，庭园可以说是为了斗茶而存在的，被视为同时代及之后回游式庭园的标杆。桂离宫也不例外，能够明显看到有效仿银阁寺的地方。此外，桂离宫的古书院就是斗茶会所的遗迹，松琴亭也可以被认为是同一类型的小规模会所。

2. 侘茶的历史

（1）侘茶的开始

野村： 相对于豪华且追捧人数众多的茶道，东山殿的沙龙成员村田珠光[43]（1423—1502）所追求的，则是在私人草庵的小空间内进行的茶道。这种茶道主要关注于美术鉴赏和人际交往，相传这就是侘茶的起源。一言蔽之，村田珠光的茶道就是"草庵拴名驹"，将包围草屋的空间比作深山，把这一空间设置在住宅中，以欣赏泾渭分明的美。

"市中的山居"位于狭长纵深的住宅最深处，侧面设置有庭门（照片 2-15），通过细窄的露地通向茶室。这远离尘世的一条小路就是露地，即茶庭（照片 2-16），与回游式庭园的不同之处在于仅通过一条路抵达茶室。单向通行的空间犹如茶庭主人编写的剧本，凝聚了将人从宽敞的外部空间引入茶室小空间的各种技法。

照片 2-15　里千家外露地　　　　　　　　照片 2-16　籔内家内露地

茶道的礼法和空间构成衍变成如今的形式，千利休功不可没，他在庭园建造中也留下了足迹。茶人的领域不仅限于茶事，与此相关的数寄屋（译者注: 数寄屋, 或称"数奇屋"。由于在日本一般称喜爱茶道、和歌、插花等雅致之事的人为"数寄者"，故称根据他们的喜好且独立于主要建筑之外所建造的茶室为"数寄屋"，因其具有简朴、精致的设计特点，并能充分发挥材料的天然风貌，故也有人主张将其称为"茶式建筑"）建筑和茶庭等的构建也是茶人的工作（照片 2-17）。

另一位贡献者是丰臣秀吉，相对于千利休追求禁欲主义的茶道，丰臣秀吉则喜欢不受约束、自由奔放的茶道。丰臣秀吉在大坂、伏见的城池里建造的山里丸 [44] 是仅用于茶道和庭园观赏的城郭，大大脱离了"市中的山居"这一概念，真实再现了山峦峡谷的深山世界，成为近世回游式庭园的标杆。

照片 2-17　表千家内露地

（2）桂风格的茶之世界

野村： 在桂离宫内零星散布的茶屋是为了满足眺望风景的需要，同时营造远离尘世的开放感，与严格遵守传统的常规露地不同。桂离宫的茶室包括酒店、饭店、茶店的煎茶式[45]三店，是可以满足茶会及相关需求的多功能场所。

此外，庭园的铺石、汀步、蹲踞、石灯笼（照片 2-18、照片 2-19）均讲究风格和规则（真、行、草），是从细节上支撑桂离宫整体印象的设施，这些都是从茶道中诞生的事物。可以说桂离宫是茶道的产物，因此称其为"茶道主题公园"也不为过。

照片 2-18　二重析型手水钵和石灯笼

照片 2-19　园林堂前的汀步石

桂离宫庭园与小堀远州

当时收获颇高评价的小堀远州的庭园建造并不仅仅倚重于绘画性和艺术性，而是着力于与建筑的平衡、场面展开、空间构成等方面，发挥出小堀远州特有的妙趣。

人们大多对于小堀远州是否参与了桂离宫的建造抱有疑问，但也不能过于草率地否定。小堀远州喜欢的"对角线"设计与在棋盘中将棋的角行走法十分相似，采用斜线排布，据说还应用在了茶具的布置之中。

在庭园中，小堀远州也偏好将铺路的板石以这样的方式进行搭配布置，营造仅连接边角一点的紧张感。桂离宫中御幸门的土间（译者注：土间，指家中没有铺设地板，地面为泥地的房间）和驾笼（译者注：驾笼，指日本大名和贵族的乘驾，类似中国古代的轿子，驾笼只有大名、武士和贵族阶层可乘坐）的基石，御座停靠处的中庭的汀步石等也采用了同种布置方式。此外，在从外部休息处到松琴亭的露地处，小堀远州毫不介意三角或方形的汀步石触犯禁忌，边角相接、角度差异的时尚造型随处可见。其尽头的松琴亭壁龛以及拉门上的"市松纹样"格纹则是小堀远州的特色。

"市松纹样"是具有代表性的小堀远州喜好的设计，但换个角度看，它也是一个展开面的"对角"，从入口到松琴亭的露地设计得十分细致，衔接至建筑的最终构成是小堀远州独有的风格。在桂离宫中随处都隐约可见本不该存在的小堀远州风格的空间，因此可以推测小堀远州手下的人曾参与了设计。

第三节　桂离宫庭园的整体规划与空间体系——四种构成

户田：此处是在上一节中所阐述的理念。

① 白居易的世界。

② 源氏物语的世界。

③ 茶道的世界。

下面将对为实现以上理念所构建的空间体系进行说明。将当前所看到的景观回溯至设计阶段，解析空间和形式的出处，并通过以下四个方面来阐明创作者的目的。

● "轴线的构成"——框架轴与园内景观轴

● "空间的构成"——"真""行""草"与明暗的分区

● "移动的构成"——场景序列与步行速度

● "季节和行为的构成"——茶事与活动的分区

一、轴线的构成

户田：景观设计时，必须找出与山川河流等自然的关系，并掌握周边道路和开放空间的情况，从中发现框架、展开现场踏勘、明确设计结构是常规的流程。

在过去的日本庭园中，结构像桂离宫一样容易理解的日本庭园很少见。在庭园中游览一周，就能大致了解整体构成，若是更细致地观察现场，则能清晰地发现庭园的设计意图。此处，提炼出庭园中潜藏的框架轴，在图纸上确认的同时，还原庭园结构。

首先，分别命名庭园内轴线以明确轴线的结构和目的。构建庭园的轴线为"整体框架轴"，其余还有与外部存在关系的"外部景观轴"、构成庭园内具体设计的"园内景观轴"和"从建筑物起始的轴线"（图 2-5）。

1. 整体框架轴

野村：桂离宫由三条框架轴构成。

●导入之轴——①从入口通过御幸门的入户轴线（照片 2-20）

●观月之轴——②与月亮的运行轨迹相结合的建筑中心轴

●遥拜之轴——③面向园林堂（祭祀祖先的祠堂）的参道轴线（见第 71 页照片 2-72）

这三条轴线恰好在庭园东南角的一个点上汇合，其意图尚不明确。实际上即使在庭园中驻足，也难以注意到这些轴线相交的情况。但是，作为轴线的功能之一，将视线从建筑物的一侧引导至庭园深处，增强了庭园的深邃感。

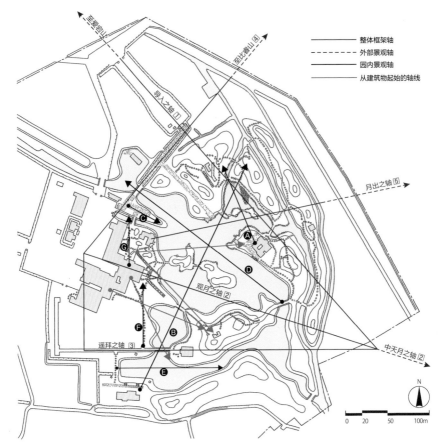

图2-5　轴线的构成示意

2. 外部景观轴

下面，对难以被察觉且与外部相关联的景观轴进行说明。如今，外部的树木和建筑物都比过去更高，遮挡了向外远眺的视线。实际上从桂离宫离开时，应该可以看到两条景观轴。

●爱宕山轴——①从御幸门前往正门，位于前方通往爱宕山的轴线（照片2-20）

●比睿山轴——④从书院回来的路上，在御幸道的尽头可看到通往比睿山的轴线

　　　　　　（照片2-21）

这两座山是守护都城两翼的王城镇护[46]山，作为离开桂离宫后返回现实世界的焦点，将轴线朝向山的方向进行设置。特别是将御幸道的长轴设想为漫漫归途，其视线停留点为比睿山，这是对在比睿山山脚下建造修学院离宫的后水尾上皇表达敬意的完美演绎。

此外，"月之岁时记"是庭园最重要的项目，可以在其中发现眺望"月出"和"中

天月"的两条轴线。

●月出之轴——⑤从位于水池长轴上的月波楼观赏中秋明月升起轨迹的轴线
（照片2-22）

●中天月之轴——②从古书院的月见台观赏中秋明月的著名轴线，也是欣赏月悬当
空时映照在水中之月影的轴线

照片2-20　导入之轴，从御幸门至正门的途中观赏爱宕山①

照片2-21　朝向书院的轴，从相反的方向观赏比睿山④

照片2-22　从月波楼起始的月出之轴⑤

3.园内景观轴

日本庭园的布局通常十分复杂凌乱，虽常被说很难理解，但又很少有人在观赏之后抱怨繁琐。名园一定会依循秩序进行建造，作为观赏的第一步便需要在园内发现这种秩序。但是，庭园中不仅有着植物的变化，也受到地貌改变和建筑物的影响，甚至还会因为主人的心境而发生变化。如果能在桂离宫锻炼出鉴赏能力，就能获得鉴赏日本庭园的能力。希望各位可以细赏桂离宫，并在这里形成对于庭园的独到见解。

（1）与桥或岛的关系轴

● "从松琴亭通过天桥立的鼓之瀑布"的轴Ⓐ

通住"鹤龟蓬莱[47]"和"二重桥"的轴线通过天桥立表现了智忠亲王对母亲的思念，反向眺望也是庭园绝景（照片2-23）。

● "穿过中国江南水乡小桥"的轴Ⓑ

从笑意轩穿过三座小桥朝向天桥立方向的轴线，利用连续的桥梁表现对于中国江南水乡的憧憬（见第38页照片2-7）。

专栏2-4

仿照桂离宫的曼殊院

曼殊院的历史可以追溯到平安时代。江户初期，在桂离宫第二期营造完成后不久就搬到了比睿山脚下。此处属于门迹寺院，历代住持都由皇族担任，当时的住持是八条宫智忠亲王的弟弟良尚法亲王。

法亲王是一个才华横溢的人，寺庙的营造也反映了法亲王的意愿。人们普遍认为，理念和细部设计是由法亲王主导的，从空间构成和细节可以看出过去负责桂离宫营造的小堀远州的下属们也参与了此处的现场作业。

曼殊院的设计理念是"将比睿山比作富士山打造的蓬莱仙境的世界"，但其所蕴含的本意是对通过"仿照"的形式进行表现的桂离宫的憧憬。"仿照"是对原作的一种回应，就像是一首酬答诗，与物理意义上的单纯复制是截然不同的。其绝妙之处在于改变姿态、形式的表现，是经过千锤百炼的日本艺术表现之一。

如今，参照桂离宫建造的建筑或是庭园，大多是单向的复制，但曼殊院虽有"借鉴"，却并不是抄袭。其中的造型大多别出心裁，鉴赏时需要解读这些造型，但也有一部分难以明白的内容。但是，解读后获得的不仅是理解曼殊院的成就感，也让人再次回忆起在桂离宫中的体验，久久不能平静。

曼殊院比桂离宫更为狭小，因此活用室内空间以表现桂离宫的回游空间，智忠亲王时代的桂离宫基本就是如今的姿态，这一点也是从曼殊院得知的。

其中一直令人感到疑惑的是桂离宫中不曾出现，但却存在于曼殊院中的鹤龟石组。但据了解，曼殊院中被关注的龟石实际上存在于桂离宫的天桥立之中，因此曼殊院的表现与桂离宫的表现虽有不同，但是仍然可以说其折射出桂离宫的身影。

照片 2-23　从白川桥至鼓之瀑布的轴 Ⓐ

（2）与池泉的关系轴

● "通过住吉之松屏风" 的轴 Ⓒ

　　强调轴线的同时，呈现若隐若现的池泉，利用松树优雅地遮挡了视线（见第41页照片2-12）。

● 沿池泉延伸的轴 Ⓓ

　　这条轴线是从萤桥通过水面观赏御幸道土桥的轴线，可以看到位于庭园最长轴上的生动景观，也构成了沿曾经存在的朱漆勾栏桥（连接红叶马场和松琴亭的桥）向爱宕山延伸的轴线（照片2-24）。

照片 2-24　通过长轴Ⓓ从萤桥观赏水池

（3）与建筑的关联轴

● "笑意轩驳岸" 的轴 Ⓔ

　　与笑意轩平行的驳岸轴线，呼应建筑以直线进行表现，与前方蜿蜒的驳岸共同打造了秀逸的景色（照片2-25）。

● "从遥拜之轴至古书院" 的轴 Ⓕ

　　从前往园林堂的路线起一直延伸至古书院的轴线，重点在于摇曳的树影及石板路的线形（照片2-26）。

● "玄关坪庭中指向北辰[48]（南北向）"的轴 **G**

　著名的"真之汀步石"改变了建筑的轴线和角度，构成了园内唯一南北向的轴线（照片2-27）。

照片2-25　笑意轩的驳岸轴 **E**

照片2-26　朝向古书院的轴 **F**

照片2-27　坪庭中指向北辰（南北向）的轴 **G**

4. 从建筑物起始的轴线

　起始于书院或院门的轴线朝向茶屋或土桥等方向，引导园路或汀步石的走向。但是，从最深处的新御殿起就没有轴线，由更高的视角展现出气势磅礴的"王者之景"。

轴线结构易于理解的日本庭园

构成欧洲庭园空间的代表性景色是由强调轴线的行道树构成的狭长景致。日本庭园中虽然没有行道树，但是也存在轴线，基本上所有庭园都有轴线。

任何人都能注意到桂离宫的直线园路、行道树等构成的轴线。但是，穿过小桥的水路、月之出（月亮升起之意）、二重桥等都是让人不易发觉的纵横轴线。说桂离宫是由轴线构成的也毫不为过。通常的庭园至少也有一到两条轴线，只要找到视点，就能发现对应的轴线，弄清庭园构成的一部分。

最容易理解的就是拥有鹤龟石组的庭园，通常来说鹤龟石组之间有蓬莱石组，轴线沿此方向进行设置。但是，蓬莱石组是前置的景观，其背后才是最重要的主景。也就是说，前方的鹤龟石组就像是将人引向主景的校准装置。以寺院为例，背后的正殿和墓地等才是遥拜的对象，普通的宅邸中与之相对的则是名山、奇岩、瀑布等名景。

二、空间的构成

户田：理解庭园的另一个方法，是从大框架着手，寻找空间的意义和作用。首先，用自古以来使用的"格"的定义，以"真、行、草"为关键词，对桂离宫的"空间构成"进行整理（表2-1，图2-6）。

● 迎接客人的区域（真，正式）

● 款待客人的区域（行，半正式）

● 私人享受的区域（草，休闲）

1. 真、行、草的功能分区

野村：如果对"真""行""草"三个区域的规划意图及手法进行解读，那么延段象征性地表现了空间的层次，极具庭园风格。接下来，以延段的"意义和形式"为线索来进行说明。

表2-1　小堀远州的真行草

分类	中国	日本	设计	手法
真	皇帝	天皇、将军	直线、直角	切石铺装
行	普通客人		直线与曲线的组合	切石和自然石的铺装
草	亲密客人		自然曲线	自然石和汀步石的铺装

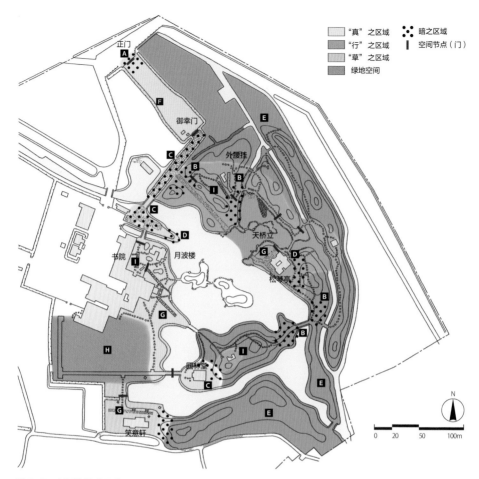

图例说明:
"真"之区域　"行"之区域　"草"之区域　绿地空间　暗之区域　空间节点（门）

地图标注:
正门　A　F　御幸门　E　外腰挂　C　B　B　I　C　D　天桥立　G　D　书院　I　月波楼　松琴亭　B　G　B　B　I　园林堂　C　E　H　G　E　笑意轩

N　0　20　50　100m

图2-6　空间的构成示意

（1）"真"之区域

从正门穿过御幸门到达古书院的入户通道及书院周边，以及祭祀祖先的园林堂属于真之区域，因此需要高规格的设计。"霰零"的御幸道就是其代表性设计，目前已在明治时代进行修复（照片2-28）。此外，位于古书院中庭的"真之汀步石（延段）"作为"真之区域"的亮点也十分有名（照片2-29）。

（2）"行"之区域

以茶待客的松琴亭周边及延续至天桥立的露地整体是"行"之区域。通过外腰挂（译者注：腰挂，是茶庭中特有的一种木制棚子，内置长木凳，供人们坐下休息，它可以分为置于外露地的"外腰挂"和置于内露地的"内腰挂"）的切石及由自然石构成的"行之延段"象征性地进行表现。此外，以桂川吹来的凉风待客的山畔赏花亭周边，与客人一起蹴鞠、骑马等享乐的书院南庭，也是"行"之区域（照片2-30）。

照片2-28 朝向书院的暗空间园路 C　照片2-29 玄关坪庭的"真之延段"　照片2-30 外腰挂的"行之延段"

（3）"草"之区域

　　笑意轩是亲王及家人享受生活的"草"之区域，是从窗边眺望农忙情景、品茗、读书的安逸平和的空间。关系亲密的客人乘舟而游，自码头处进入室内；以"草"为喻的自然石延段营造出柔和的氛围，提升了待客的格调，使人宾至如归（照片2-31）。

　　"真、行、草"虽然是抽象的意向，但通过空间构成和铺装饰面将设计具体化，使各空间形成鲜明的对比。

照片2-31 笑意轩的"草之延段"

2. 明与暗的功能分区

　　户田：日本庭园中一定会采用回游式园路景序变换的技法，其中明暗交替的设计是营造空间不可或缺的。明与暗在引导空间开与合的同时，以良好的节奏与下一空间衔接，不断营造出新的场景。

　　阴暗郁闭，让人稍感紧张的"暗空间"，也可以理解成是向明亮安逸的"明空间"过渡的空间。明空间宽敞开阔，容纳了很多功能，同时也营造了美丽的景观。

　　此外，在边界线处通过石造物等使视线集中，演绎场景的切换。明暗组合的空间体验是日本庭园的妙趣所在，可以尝试在享受桂离宫庭园多样空间构成的同时进行探索。

（1）暗的功能分区

A 正门处的"暗空间"

野村： 从阴暗幽闭的空间进入桂离宫的方式是从露地获得的启发，而小石川后乐园的入口（水道桥一侧）虽然也是从暗空间进入，但其灵感却源自中国园林的洞窟[49]（照片2-32、照片2-33）。

B 空间变化点的"暗空间"

向下一个空间过渡前的空间微暗，给人以紧张感，是进入新世界前心理的缓冲点，因此人们一鼓作气进入后希望能看到通透的景色（照片2-33）。

C 讲究格调的"暗空间"

通往书院的园路被称为御幸道，直线状的绿篱形成的绿色回廊庄严而肃穆。园路两旁种满枫树，阳光从树叶的缝隙中洒下，营造出具有庭园特色的优雅空间，引导访客走向深处（见第55页照片2-28）。

D 具有演绎效果的"暗空间"

以"住吉之松"或树林遮挡松琴亭等主要设施，使之后相遇的场面更加深入人心（照片2-34）。

E 作为背景的"暗空间"

围绕庭园的种植地起到支撑主景的"地"的作用，强调园内的主要景观。从松琴亭看到的天桥立背后的暗空间，起到了衬托眼前明亮岛影的效果（照片2-35）。

照片2-32 从正门望向御幸门 A F

照片2-33 御幸门附近的明与暗的空间 A F

照片2-34 演绎出的暗空间"住吉之松" D

照片2-35 从松琴亭看天桥立和背后的植物 E

（2）明的功能分区

F 展现轴线的"明空间"

进入正门处的暗空间之后，打造了强调轴线的宽阔园路以作为明空间，使前往御幸门方向的路途变得明亮（照片 2-32）。

G 建筑物附带的"明空间"

建筑物的南侧为明空间，开放式空间成为举办仪式的场地，对建筑物的采光具有重要作用（照片 2-36）。

H 宽敞的"明空间"

以蹴鞠为代表的运动所需的草地广场是明亮、宽敞、开放的空间。此外，亲王十分喜欢这片草地广场，并且其整修广场的最初目的就是为了促进身体健康（照片 2-37）。

照片 2-36　书院前的明空间 **G**

照片 2-37　书院南面的开阔广场 **H**

专栏 2-6

回游式庭园中露地的明与暗

近代回游式庭园的起源就是茶庭，起初为了与尘世加以区别，将出入口另行设置于房屋的侧面，引导人们沿狭窄的露地前往深处的"市中的山居"。露地位于作为大空间的尘世与极小的茶室之间，直白地说，这里就像是使人逐渐适应变化，用以调整氛围的空间。

露地在腰挂、中门，有时在中潜（译者注：中潜，指位于茶庭中外露地与内露地之间的门）等处重复设置明暗、开合的变化，同时主人也利用等待区域来引导客人。最为典型的是中潜，类似障碍赛中路障一般的门，其门槛的高度超出寻常（平常疏于锻炼的老年人也许会止步于此了），但正因如此，通过此处时游人的视野也会随之变低，进而专注于地面的景色，完全忘记了尘世的纷扰。明暗、开合的空间设置不仅是为了将人引导至小空间，也是为了让人忘却尘世。从这个意义上来说，桂离宫通过设置直角转弯，将尘世抛在一边。此外，拆除了约定俗成的中门，在水边的露地上设置了自然的假山，略微夸张地放上了乘越石[50]，在不妨碍优美景色的前提下营造场景。

空间虽然宽敞，但为了营造出心理上开合的空间感受，在最后设置了平衡木般的白川桥，将人引入松琴亭的躏口。桂离宫以智慧化解束缚感的灵活姿态让人愉悦。

■ 小的"明空间"

在开阔庭园的暗空间中需要适当设置一些小的明空间。这种手法源自茶道，在昏暗狭窄的露地尽头设置了引人入胜的明亮空间，同石造物等一起引导客人（照片 2-38）。

照片 2-38　外腰挂的放松小空间 ■

三、移动的构成

户田：景序的构成是景观设计中重要的内容，由空间的品质与数量、眺望视野、植物、设施等众多元素组成。用空间密度和树木疏密来表现有意义的空间，使视线频频停留，通过铺装材料等控制步行的速度和视线的方向，通过水声引导行人，仿佛是在考验感官能力，这也可以说是日本庭园细致的表现。

从这里进入桂离宫的正门，通过御幸道尝试感受朝向书院的景序变化。庭园鉴赏的妙趣在于伴随着时间的流逝欣赏空间中细致的表现机制，并且无时无刻不在心中期待着之后未知场景的展开（图 2-7）。

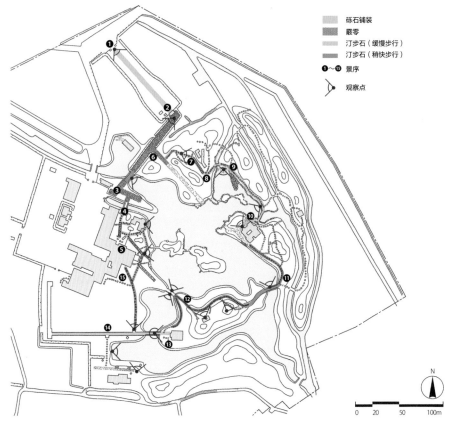

图 2-7　移动的构成示意

1. 通往书院的景序

户田： 从正门开始的粗糙"砾石铺装"，经过御幸门，变化为细密的"霰零"，最终到达书院。直角转弯后继续延伸的散步道有意改变中途土桥的角度，略微呈现土桥的侧面以暗示园路的深邃，这是不可错过的场景（照片2-39）。

接下来，我将把通往书院的景序分为三个部分。

（1）从正门至御幸门

野村： ❶~❷起始于正门的笔直砾石路通往御幸门，长度约100 m，是一条看不到周围景色的功能性园路。简约的布置使人将注意力集中在正面的御幸门，踩踏砾石的声音和脚底的触感让人感受到从日常空间进入别样空间的变化(照片2-40)。

（2）从御幸门至中门

❷~❸使用桂川小石子的"霰零"园路以颗粒整齐的材料提升了格调，出色地演绎出雅致、舒适的紧张感。此外，以枫树作为行道树，暗示"御幸"正式感的同时，打造了柔和地被围合在内的优美景致（照片2-39）。

❸~❹作为古书院玄关的御兴寄的园路有三次直角转弯。可以说这种重复的模式寓意挥别一直以来所生活的尘世世界，引导人们进入虚幻的新世界（照片2-41）。站立式手水钵恰好与中门的竖长框架在构图上完美契合，或许只能用完美来形容（见第87页照片2-104）。

进入中门之后氛围完全转变，由此开始的玄关坪庭采用了与建筑物一致的几何设计。

照片2-39 ❷~❸　　　照片2-40 ❷~❶　　　照片2-41 ❸~❹

（3）从中门至玄关

❹~❺此处是桂离宫中唯一的坪庭，朝向左前方的玄关，一条被称为"真之汀步石"的延段笔直延伸。从中门开始，玄关和延段被绿篱所遮挡，右侧设置汀步石和手水钵，使整体景观井然有序。沿着延段前行，整体给人以简朴而寂然的印象，延段周围多样的设计将在之后进行介绍（照片2-42）。

2.通往松琴亭的景序

户田： 任何人在看过桂离宫庭园通往松琴亭的露地后都会深受感动。在这里可以看到普通露地所没有的大规模空间和大胆的设计，每次造访都会有新的发现。此处也是由长景序构成的，所以我想分三个区域进行说明。

（1）从御幸道到外腰挂

野村： ❻~❼在御幸道的中途左转，向"红叶马场"前进数步，再次左转沿汀步石向右侧深处前进，就能看到外腰挂。通往松琴亭的第一处空间是大胆且巧妙的"款待空间"，苏铁树和大块汀步石构成的空间大气且奢华（照片2-43）。

❼~❽与外腰挂平行的"行之延段"笔直延伸。对应延段两端的消失点，设置了低矮的灯笼，且延段两端比中间更狭窄，给空间带来了景深感。从外腰挂朝松琴亭走去，本应在正面的松琴亭被树木所遮挡，无法看到。将乐趣滞后的优雅演绎可以说是由"住吉之松"变化而来的（照片2-44）。

户田： 到外腰挂为止是准备阶段的景序，从这里开始将可以看到"远眺松琴亭"的绝美景色，到达前的设计不知又花费了怎样的心思，令人倍感期待。

（2）可观赏右侧松琴亭的"滨道"

野村： ❽~❾在"行之延段"顺直角左转之后，从左侧深处能够听到微弱的潺

照片2-42 ❹~❺

照片2-43 ❻~❼

照片2-44 ❼~❽

潺水声，流水深处能看到山路上的石桥。在池泉庭园中，主要景观大多设置于水池一侧，但此处将人的视线引向位于水池反方向的左侧，这是重视景观平衡的桂离宫特有的演绎。从横跨河流的石桥上起，大胆地将视线切换至右侧，鲜明地呈现了天桥立与松琴亭的名景。精彩的场面转换让人叹为观止（照片2-45）。

一边看着脚下的洲滨（译者注：洲滨，指水边的小块陆地），一边沿着滨道前进，前方设有岬型灯笼[51]，右侧是切石拱桥，与背景中的松琴亭名景组成了多个连续的观赏点。

（3）从内露地至白川桥

❾～❿从外露地进入内露地，假山的深绿色使环境稍显阴暗，在松琴亭前方，白川桥浮现在眼前。虽然桥很窄，且架在较高的位置，但并不会令人感到恐惧。过桥后沿着汀步石来到松琴亭的躏口，露地的景序就此结束（照片2-46）。

继续走到松琴亭正面，可以将包括书院群在内的全景尽收眼底。视线一转，顺着光线可以俯瞰天桥立，如同坐在露地上眺望一样，愉悦之情油然而生。原本从松琴亭看到的天桥立景色才是正面（照片2-47），但是从背面的滨道所看到的逆光景色却因为波光粼粼的水面令人印象深刻。

户田： 以上对到松琴亭为止的景序进行了说明，但这条露地里隐藏着太多信息，如果不仔细观察就很难理解。接下来再一次漫步庭园，继续深入解说。

照片2-45　❽～❾

照片2-46　❾～❿

照片 2-47　从松琴亭看到的全景

专栏 2-7

回游式庭园如何回游

　　普通的回游式庭园会在中央放置池泉，围绕池泉有顺时针和逆时针两种行进方向，选择不同的方向就会呈现出不同的庭园印象。从具有代表性的回游式庭园来看，顺时针游览的庭园较多，如桂离宫、小石川后乐园、六义园、水前寺成趣园等都是如此。

　　回游式庭园的主要景观位于水池的中岛或对岸，庭园鉴赏就是在移动过程中持续地看向水池方向。逆时针移动可能是因为出入口位置等特殊情况所导致的，但是具体原因还需要进行大量调查。

　　如果仔细观赏庭园，会发现在左侧深处放置重要节点的事例相对较多。例如，从金阁的室内打开蔀户看到如长卷般的庭园，龟岛、鹤岛、九山八海石从右向左排列，直至左侧深处的蓬莱三尊石组，将视线从右向左引导。也就是说，在大脑中将视线按顺时针移动，日本人也更倾向于这种从右侧开始的方式。

　　造成此类情况的原因是在中国和日本的文化中，长卷是从右向左展开的，一切来源于文字的阅读方式。而在西欧，从埃及的象形文字开始，文字都是从左往右排列，教堂的圣像也是从左往右排列。由此可见，几千年来形成习俗的文字对东西方文化产生了强烈的影响。

图 2-8　露地区域平面图

3. 松琴亭露地的详细情况

接下来的详细说明需要在于庭园内实际漫步的过程中展开。但是，由于参观时间有限，可在游览前后阅读本书作为参考。

野村：露地是通过景序所表现的具有代表性的空间，以上述"移动的构成"为基础添加更多的要点，详细解读至松琴亭的路程。

松琴亭的露地比普通的露地要长很多，布置得也更为精致。对照图中分析此处露地的同时，以下面三点为基础，说明造园的技法（图2-8）。

●暗与明，边界的构成

●观察点和聚焦点的构成

●石组的构成

（1）暗与明，边界的构成

户田：回游式庭园的园路在明暗交替的同时引人步步深入。通过明暗构成将通往松琴亭的露地分为12个区域，我将一边确认景序一边进行解释。通往松琴亭的露地与水池相接，设置了绵长延续的"明空间"，但是，场景切换上一定要穿插"暗空间"，从而构筑张弛有度的景序。

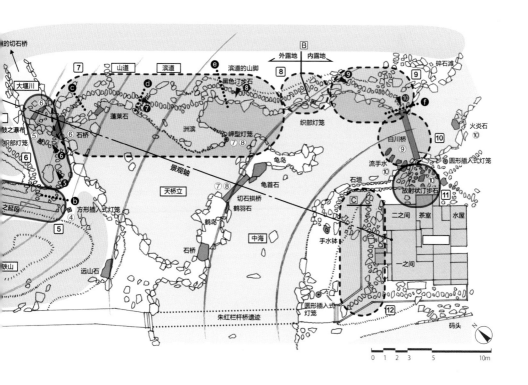

野村：[1]红叶马场的"霰零铺装"美轮美奂，露地以这一被树木围合的"暗空间"为起点向松琴亭方向延伸。

[2]左转后沿略高的汀步石进入外露地，此处是有些许闭塞感的"暗空间"，之前这里是露地之门的所在。汀步石前方与露地相连，作为进入露地的标志，圆形插入式灯笼[52]以及边界Ⓐ在此相迎（照片2-48）。

[3]先迈步到向左延伸的汀步石上，再转而向右前进就能看到前方的外腰挂，此处通过场景转换ⓐ呈现出正式的露地景色。

[4]从暗到明顺着汀步石前进，踏着大块的汀步石一口气进入"明空间"，外腰挂处横向延伸的"行之延段"使过大的腰挂得以稳定（照片2-49）。

[5]横向眺望"行之延段"可以看到左右两边向外延伸，站在延段上观察，就能发现强调延长轴的意图。行进路线上的方形插入式灯笼作为视线停留点，引导视线的同时也暗示着空间的终点（照片2-50）。

在石铺路的尽头前转向左侧的汀步石，场景转换ⓑ在眼前展开。松琴亭位于右侧，但被近处的树木所遮蔽，还无法看到。

户田：到这里为止是露地的前半部分，外腰挂的存在感很强，利用朝向此处的汀步石、灯笼、植栽等来控制视点。封闭空间的汀步石较小，开放空间的汀步石较大，形成了完美的对比。此外，在起伏的地形上群植苏铁树，营造出华丽的氛围，使人情绪昂扬。由此开始，将迎来桂离宫庭园中最大的看点。

照片2-48 从红叶马场左转，就是露地的起点[1][2] 照片2-49 大块的汀步石前方可以看到外腰挂[3]

照片2-50 "行之延段"和方形插入式灯笼，左侧汀步石引导行进方向[4][5]

野村：⑥从"行之延段"左转的汀步石有些阴暗且凹凸不平，使人的视线自然地下移。在此处的"暗空间"中沿着汀步石前进，就能看到左侧的织部灯笼和架设在前方山路上的石桥，再往前走可以隐约听到溪谷的水声，观赏部分全都连续地设置在左侧（照片 2-51）。

到达滨道的石桥，左下方是飞流而下的"鼓之瀑布"，从石桥中央起景色逐渐转换至右侧，松琴亭和天桥立熟悉的全景便浮现在眼前（照片 2-52）。

⑦接着，从场景转换 ❸ 开始，连续设置大段的"明空间"，一边欣赏右侧桂离宫首屈一指的美景，一边沿汀步石向洲滨靠近。到此为止都是沿着水边前行，但经过场景转换 ❹ 之后，滨道变得略微高出水面。很少有人注意到最高处附近设置了比其他汀步石更高的黑色汀步石（场景转换 ❺）。从这块汀步石回头眺望看到的风景，正是桂离宫庭园的绝景，需要在现场仔细观察（照片 2-53）。观赏完最精彩的部分后，外露地到此结束，进入内露地。

⑧起始于边界 Ⓑ 的内露地是使用织部灯笼的"明空间"。此处使用横向设置的"乘越石"代替中门，营造进入另一个世界的氛围（照片 2-54）。

照片 2-51　可以听到"鼓之瀑布"的水声，且看到不远处的石桥 ⑥

照片 2-52　桂离宫最出色的观赏点 ⑦

照片 2-53　回望的绝景 ⑧

照片 2-54　内露地从位于滨道顶部的乘越石开始，右侧为织部灯笼 ⑧

⑨接着进入内露地，可以逐渐看到右侧白川桥和松琴亭的侧面，以"明空间"作为滨道的终点，在此迎来场景转换❶（照片2-55）。

⑩如平衡木般的白川桥通过水面反射打造"明空间"，位于桥前的茶室前方如旭日般华丽的放射状汀步石将人引导至"暗空间"，再向前走就是茶室。

⑪离开右侧的汀步石，水中的"流手水（译者注：流手水，是一种将石块设置在池塘或小溪中，直接使用溪流等流动水的洗手盆形式）"引导人们来到茶室，漫长的露地景序就此结束。

⑫通过松琴亭旁的边界C，古书院的全景尽收眼底（照片2-56）。让人印象最为深刻的是将从滨道看到的天桥立作为从松琴亭一侧"回望[53]"的景色，使鹤龟石组呈现眼前。这样演绎出的景致堪称完美，观赏者无论游览多少次都能感动不已。

像这样漫长的露地是桂离宫独有的景致，充满变化的连续景观构筑了尽心接待来访者的空间。

照片2-55　白川桥周边明亮的内露地依次变得昏暗 ⑨ ⑩ ⑪

照片2-56　从松琴亭观赏古书院及月波楼的美景 ⑫

（2）观察点和聚焦点的构成

户田：之前已说明通往松琴亭的漫长露地景序，接下来将对引导步行的视线构成进行确认。选取灯笼等装饰物10处作为观察点和聚焦点，逐一阐明其关系，详细解释设计的意图。

野村：①以外露地入口处的汀步石中第一步的踏石为观察点❶，视线被引导至左前方的圆形插入式灯笼（聚焦点①）。第二步踏石偏离至与聚焦点相反的右侧，第三步踏石则将视线拉回，保持整体平衡。桂离宫中多次使用偏离轴线行进的手法，打造景序的转折点（照片2-57）。

照片2-57　从观察点❶看圆形插入式灯笼（聚焦点①）

②进入充满闭塞感的空间后，观察点❷的汀步石把视线引导至地面，将前方的圆形插入式灯笼（聚焦点②）展现在眼前，告知访客已进入茶道的世界。

③此处的汀步石也先把轴线设置在前进方向的反方向，人们在注意脚下的同时，视线也被引导至下一空间。这里的场景转换ⓐ将外腰挂纳入考虑进行设计。

④"行之延段"的中途，从回望的观察点❸可以看到二重析型手水钵（聚焦点③）、圆形插入式灯笼（聚焦点②），作为为上皇打造的露地，设计大气，格调优雅（照片2-58）。

⑤行进方向面向从观察点❹至铺石终点处的方形插入式灯笼（聚焦点④）（照片2-59）。此处，石灯笼朝延段方向旋转30°，暗示前进的方向，也预示着场景的转换ⓑ。

⑥转向左侧的观察点❺，前方有作为聚焦点⑤的织部灯笼（照片2-60）。这里的石灯笼朝前进方向旋转45°，将视线引导至溪流上的石桥。

⑦位于观察点❻左侧深处山道的切石桥和右前方的石桥下设有"鼓之瀑布"（聚焦点⑥）（照片2-61），先将视线的重心放在左侧，利用反作用来强调石桥（聚焦点⑥）右侧的天桥立。依托桂离宫特有的具有目的性的视点变化技法完成设计。

照片2-58　从观察点❸看二重析型手水钵（聚焦点③）、圆形插入式灯笼（聚焦点②）

照片2-59　从观察点❹看方形插入式灯笼（聚焦点④）

照片2-60　从观察点❻看织部灯笼（聚焦点⑤）、"鼓之瀑布"（聚焦点⑥）

照片2-61　仔细观察"鼓之瀑布"

接着，从靠近洲滨的观察点❼，一边欣赏前方的岬型灯笼和切石拱桥（聚焦点⑦），一边享受右侧天桥立、松琴亭构成的全景（照片2-62）。

细赏桂离宫代表名景的同时继续前进，过了洲滨是一处小的上坡。这里是一个观察点❽，仅有一块略高的黑色汀步石（现在已被修整平坦）。驻足回望，洲滨和切石拱桥（聚焦点⑧）连成一片，岬型灯笼浮于中海，呈现出露地首屈一指的秀丽景色，令人叹为观止。黑色汀步石巧妙地向访客呈现了这美丽的景观（见第65页照片2-53）。

⑧经由坡顶的边界Ⓑ从外露地进入内露地，织部灯笼被用作聚焦点，提升人们对于茶道的热情（照片2-63）。

⑨从内露地中的观察点❾可以看到白川桥（聚焦点⑨）和松琴亭的山墙，让人清楚地感觉到已经置身于另一个空间（场景转换ⓕ）（照片2-64）。

⑩从观察点❿开始，一边欣赏着聚焦点⑩——左侧的"火炎石"与右侧的"流手水"，一边走过白川桥（见第80页照片2-91、图2-14）。桥上的悬浮感和包含意义的放射状汀步石（聚焦点⑩）构成了打动人心的景点（见第80页照片2-92）。

⑪茶室前的汀步石延伸至茶室的躏口，再之后需进入室内观赏。回头望去时，对岸的石组及斜行的白川桥连接在一起，构成园内最生动的景色，露地也就此结束。

照片2-62　从观察点❼看岬型灯笼（聚焦点⑦）

照片2-63　灯笼所在的坡顶是外露地与内露地的边界

照片2-64　从观察点❾看白川桥⑨

（3）石组的构成

⑫桂离宫的石组集中在松琴亭周边，我想围绕从建筑一侧看到的石组全景结构和轴线的关系进行说明。从松琴亭一侧眺望天桥立，能体会到被包围的奇妙感觉。如果仔细观察天桥立驳岸和中岛的位置，就能发现以松琴亭为中心，主要的石组呈圆弧状排列。石组层层叠叠，营造出宛如画卷般深邃的景观，引人注目（见第62至63页图2-8，照片2-65）。

此外，从外腰挂看向苏铁山[54]，此处的地形和石组也布置成圆弧状，坐在外腰挂中就能体会到被包围的感觉（照片2-66）。这种石组的绘画般的构成可应用于现代的景观设计中，是一种非常值得学习的技法。以绘画形式所构成的石组从中世纪开始出现，如雪舟［译者注：雪舟（SesshQ，1420—1506），日本画家，名等杨］的庭园和狩野元信［译者注：狩野元信（1476—1559），日本室町后期画家］的退藏院庭园等，这些画师所作的庭园，我将在后一章详细说明。

照片2-65　松琴亭具有围合感的石组群

接着需要注意，从松琴亭开始，经过架设在天桥立上的切石拱桥的中心，再到达露地石桥、"鼓之瀑布"的景观轴（见第62至63页图2-8，照片2-67）。如仔细观察近处的切石拱桥周边的石组，就会发现是鹤龟石组。从松琴亭望去，左侧大块的桥添石（译者注：桥添石，指在日本庭园内架设桥梁石，在其两端放置的景石）是鹤羽石，切石拱桥本身则是鹤首石。此外，虽然松树下方枝叶略有遮挡，但右侧龟岛的龟首石和龟甲石映于水面，使"鼓之瀑布"和蓬莱石浮现于其上，是不可错过的美景（照片2-68、图2-9）。

照片2-66　石组和苏铁此起彼伏，演绎出绘画质感

至此，我们了解了松琴亭露地的构成，也再次感受了富有层次的庭园设计及丰富多彩的表现手法。此外，如果不亲自前往庭园观赏就无法理解的部分也有很多，因此建议可以多次游览桂离宫仔细观察。

照片 2-67　松琴亭的轴线通过两座石桥到达"鼓　照片 2-68　石桥右侧水面上的龟首石和龟甲石
之瀑布"

4. 通往园林堂的景序

户田： 通过松琴亭之后紧张感消失，徜徉在包含书院群在内的深邃的庭园景观中，心情变得仿佛在郊游一般愉悦。再次参考第 58 页的图 2-7 的同时追寻通往园林堂的景序。

野村： ❿~⓫沿着以松琴亭为背景的池塘驳岸的斜坡设有笔直的汀步石，沿汀步石前进，视野逐渐开阔，初看略显单调，但脚步却随着富有节奏感的景序快了起来。

运用汀步石控制人的视线和步行速度，这一点通过汀步石的设置方法进行了表达（照片 2-69）。

⓫~⓬一边从萤桥眺望右侧水池最长的轴线，一边进入中岛。山路隐藏于树林之间，书院逐渐显现于右侧的同时，前进的步伐也逐渐加快（照片 2-70）。

照片 2-69　❿~⓫　　　　　照片 2-70　⓫~⓬

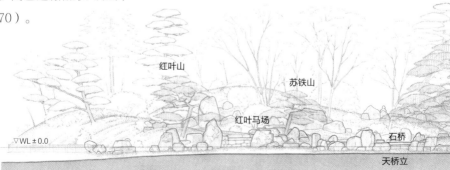

红叶山　　　苏铁山

红叶马场

石桥

天桥立

▽WL ±0.0

图 2-9　从松琴亭看到的"天桥立"的剖面图（野村勘治绘制）

⓬~⓭一边观赏右侧书院群的全景，一边走向园林堂（照片2-71）。以道牙石划分的园林堂圣域为"真"之区域。错落设置方形汀步石的现代设计，与昭和时代添加的散水组成绝妙搭配，更增添了庭园的魅力（见第95页照片2-119）。

5. 从草坪广场到书院的景序

⓭~⓮走过园林堂正面的桥后，宽敞的草坪广场出现在眼前，沿着漫长的园路向广场前进（照片2-72、照片2-73）。

⓮~⓯途中有通往书院的园路，随着接近建筑物，延段逐渐变为汀步石。相比露地中细致的布置，这里的汀步石以灵动的姿态与开阔的空间相呼应（照片2-74）。

照片2-71 ⓬~⓭

照片2-72 ⓬~⓭

照片2-73 ⓭~⓮

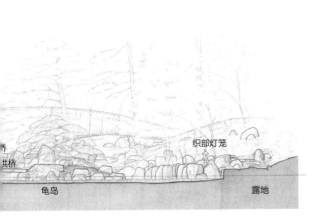

照片2-74 ⓮~⓯

四、季节和行为的构成

户田：至此，桂离宫空间设计的构成逐渐清晰。但是，要如何享受桂离宫的乐趣呢？桂离宫中的四季各有其乐，每个季节都会举行户外活动招待来客。

1. 四季的景观

野村：桂之地的冬季气候较为恶劣，所以春季至秋季会较多地使用桂离宫（表2-2），特别是在被称为"月之桂"的秋季使用最为频繁。以松琴亭为中心，从月波楼眺望红叶山，在天桥立区域举办茶会，弹琴赏乐。赏花亭、园林堂也被枫树包围，传达着秋天景色别具一格的意味（图2-10）。

表2-2　庭园与建筑四季的使用情况

建筑	季节			
	春	夏	秋	冬
松琴亭	△	○	○	△
月波楼	○	○	○	△
笑意轩	△	○	○	△
卍字亭	△	○	○	—
赏花亭	○	○	○	—

注：○ 经常使用；△ 偶尔使用；— 不使用。

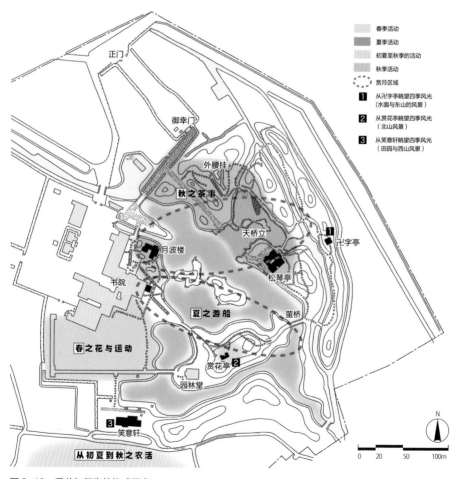

图2-10　季节与行为的构成示意

春天在马场（草坪广场）赏樱（照片2-75），或是在又名"梅之茶屋"的月波楼享受梅花的香气。夏天的乐趣是游船、将在桂川河畔采摘的瓜果冰镇后食用、捕捉萤火虫等，贵族们脱下正装，身心放松的样子被记录下来。由此，初期的山庄被称为"瓜田的轻茶屋"（照片2-76）。

月波楼中白居易的"春之诗"、赏花亭带门帘的"吉野屋""龙田屋[55]"等较多与季节相关的引用也可以说是桂离宫的特色（照片2-77）。

2. 时间的景观

朝夕变化的庭园姿态是庭园鉴赏的乐趣之一。日本庭园带有池泉，古往今来这种依靠光的反射形成的美景都令人乐在其中。上午阳光照射在水面上，经反射后投影到屋檐和屋内的天花板上，形成波纹状的光影，其中位于池畔的月波楼中驱迁天井[56]上的波纹光影更为梦幻，乡村般的氛围使人感到平静。此外，书院东侧的池泉是与月相对的水镜，放大明月的同时增添了赏月的乐趣。

夜晚在各处点亮石灯笼也是一种乐趣。赏月是池泉庭园内的主要活动。在京都，桂离宫则是最高级的待客之地。建造之初，桂离宫内是不允许住宿的，随着时代的变迁，夜晚的生活变得自由，便通过点灯来享受乐趣。可以说这正是走在时代前列的桂离宫独具特色的娱乐方式，为数众多的石灯笼则证明了这一活动的存在，并成为这一活动遗留下来的痕迹。

照片2-75　从"梅之马场"看园林堂

照片2-76　从萤谷望去的池泉最为深邃，享受游船的乐趣

照片2-77　赏花亭在秋季挂出印着"龙田屋"名号的暖帘

3. 茶事的景观

在松琴亭的茶室里举行的是正式的"抹茶"茶事活动，而其他房间和茶屋则举办"煎茶"的茶会。煎茶在礼仪上不拘小节，更倾向于在野外的休息场所中举行，庭园空间得到了充分的利用。

煎茶从小堀远州的时代开始就受到人们的喜爱，在之后的仙洞御所中也建有兼具"酒店""饭店""茶室"功能的茶庭空间。如今京都的东本愿寺涉成园[57]内还保留有三店(酒店、饭店、茶店)，仙洞御所中将三店合一，在池泉南部建造了醒花亭。

煎茶的形式很自由，各个进行煎茶的空间可以合并在一处建筑之中，也可以分散在多个建筑之中，以享受煎茶的乐趣。桂离宫的四处茶屋也同样分担了进行"煎茶"茶会的功能，由此可以想象访客一边回游庭园一边享受煎茶乐趣的情景。

4. 运动、游戏的景观

桂离宫的初代主人智仁亲王是有名的蹴鞠高手。第二代智忠亲王则体弱多病，周围的人便建议他练习蹴鞠或骑马。桂离宫的重新整修以有益于健康的蹴鞠运动为出发点，在书院的南部设置了能够进行此类运动的空间（照片2-78）。

书院南部铺设白砂（现在为苔地），设置多功能广场，这是寝殿造传统的构造，但桂离宫的广场与其他寝殿造庭园相比更为宽敞，体现了相比观赏性，更注重实用性的山庄特点（图2-11）。

此外，园内除了可以步行游览之外还增加了游船，使其作为娱乐空间的用途更为丰富。池边的建筑附近必定会设置"码头"，用于游船停靠以及膳食配送等功能（照片2-79）。

智忠亲王为了疗养，曾多次顺淀川而下，前往有马温泉，从那里带回了许多六甲山麓的"本御影石[58]"用作汀步石。这也是亲王热衷于庭园的一段小插曲。

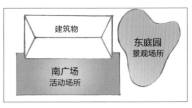

图2-11 公共场所（活动）与私人场所（景观）的布局图

照片2-78 书院前的马场空间

照片2-79 书院前的码头

5. 与外部联动的景观

从平安时代开始，与周边景观联动的日本庭园广受好评，为了追求名景，人们在郊外建造了宅邸。桂离宫也与周边的环境有着密切的关系，并将多种手法运用到桂离宫庭园的设计之中。此处围绕四处眺望的景色进行说明。

（1）眺望比睿山和爱宕山

前文已经介绍过看向对后水尾上皇表达敬爱之意的"比睿山"，以及与之成对的"爱宕山"的视线。从桂离宫起始，经过二条城、京都御所直至比睿山指向东北的轴线颇有趣味。从皇宫看，桂离宫处于里鬼门（译者注：鬼门，指东北方位，在日本作为鬼魂出入的方位受到忌讳。里鬼门在鬼门相对的位置，即西南方位。）方位。作为后阳成天皇弟弟的智仁亲王为了皇室成为丰臣秀吉的养子，之后被其兄长指定为继承人。作为表达挺身支持天皇的决心，特意选择位于里鬼门的桂之地，体现了亲王的深思（图2-12）。

（2）从卍字亭和赏花亭眺望

将卍字亭作为前景，眺望下方的桂川，俯瞰远处展开的京都盆地（照片2-80）。此外，从赏花亭概观庭园的主要部分，从爱宕山到比睿山，守护着都城背后的北山华丽的山峦构成了仰望的主景（照片2-81）。

（3）从笑意轩眺望

笑意轩位于庭园南部，与其他空间截然不同，是静谧的私人空间。从南窗眺望，以西山为背景，在田间劳作的农民的身影和四季变化的田园风光尽收眼底，让人心旷神怡（照片2-82）。

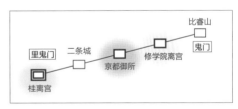

图2-12　从桂离宫经过二条城、京都御所的东北轴线

照片2-80　从卍字亭远眺包括比睿山在内的全景　　照片2-81　从赏花亭眺望

照片 2-82　从笑意轩欣赏野外的风景

将农田的风景融入小石川后乐园等大名庭园中，不仅是为了达到教化的目的，也是出于对百姓生活的憧憬。江户大名庭园中的农田风景归根结底只是虚幻的世界，而桂离宫和修学院离宫则是将真实的农民生活融入其中。这一理念赋予了日本庭园多样的存在意义，表明与现代景观相通的设计已经萌芽。

有趣的是，桂离宫的大部分建筑都像是远离了尘世一般，沿着东西轴面朝东南斜向设置。位于正南面的只有从笑意轩眺望田园的窗户。这与光照有关，为了确保农作物一整天都可照射到阳光，设置位置上优先考虑南北轴，结合田地的眺望角度，打造可切身感受农民生活的空间。

（4）山庄与桂离宫中的娱乐活动

桂离宫的庭园中娱乐十分丰富，包括松尾山庄的"采蘑菇""赏红叶"等山间游乐活动，桂川的游河也很有趣。与现在的都市生活相比，桂离宫与自然的关系更为密切，希望我们也可以从桂离宫中学习到保持居住与娱乐平衡关系的方法（照片2-83）。

照片 2-83　从桂川看到的松尾山和爱宕山

第四节　桂离宫庭园的设计技法——两个目的和四种技法

一、设计的目的

户田：我们在设计日本庭园时，首先想到的是"和式风格"，但是以这种含糊的关键词是不会产生新的设计的。设置灯笼、蹲踞就能称为"日本庭园"的时代已经过去了。因为我们追求的不再是"物与形"，而是孕育日本庭园的思路与结构，也就是"理念和方案"。

翻阅欧洲的景观杂志，我们能够发现潜藏在日本庭园中的"形"这一概念的原型及各种类型（指日本建筑庭园概念中的形态之意），并可以看到将其引用的空间营造案例。设计所包含的普遍性特质已经超越国界触及了思考的本质。我相信在此之前便有了日本庭园即将诞生的征兆。

讲完了桂离宫庭园建成的概念和方案，接下来终于要进入设计的范畴，解读创造出丰富空间的魅力所在。

首先，桂离宫庭园为谁而建？有着怎样的人际关系？希望大家重新思考。因为庭园中弥漫着浓厚的"待客"之情。

我想通过具体的空间来描述其中蕴含的智仁亲王对妻子、其子智忠亲王对母亲以及妻子所表达的爱意以及对关系密切的亲友之关怀。在解读人际关系的基础上，梳理庭园的"用"（如何使用）、"景"（如何呈现），以及二者构成的"形"（如何搭配构建）。

野村：首先，我想围绕八条宫智仁亲王的妻子（智忠亲王之母）、智忠亲王的妻子、后水尾上皇、智仁亲王的妹妹梅宫公主下嫁的西本愿寺之间的关系进行说明。

1. 智忠亲王的母亲及妻子

（1）母亲（智仁亲王之妃）——常照院

第二代亲王智忠的母亲是丹后国宫津城城主京极高知的女儿，在智仁死后四十年，即宽文九年（1669）去世。松琴亭的中海被称为"天桥立"，表现了源氏物语世界中的"明石之海"（照片2-84）。从前文提到的黑色汀步石处眺望，看到的沙洲风貌就是"天桥立"，而这也成为该区域的总称。之所以被称为"天桥立"是因为智忠亲王的母亲常照院的娘家京极家的领地为天桥立所在的京都丹后地区（译者注：此处的天桥立指的是被称为日本三景之一的丹后天桥立，庭园中的天桥立均为对它的仿照），这一景致与其敬母之情相融合，流传于后世。

（2）妻子（智忠亲王之妃）——真照院

智忠亲王的妃子富子是加贺藩藩主前田利常的女儿，作为八条宫家的财务后盾，对桂离宫的建设做出了贡献，但在庭园中却没有具体形式的表现。可以说庭园建成正是这位贤内助的功劳，松琴亭拉门上有名的市松纹[59]便印证了这一点。

照片 2-84　可以看到"明石之海"与"天桥立"的松琴亭中海

拉门上使用的是加贺产的奉书纸[60]，即便在现代也是最高级的和纸，在当时是制作文件不可或缺的材料。"市松纹"将"远州喜好[61]"的交叉图案发挥到极致，大胆采用白色和藏青色，仅用简单色彩加以处理是桂离宫的代表性设计。（照片 2-85）。后来的造园书籍更是将小堀远州喜爱的"鹤龟石组[62]"与"市松纹"障壁画组合在一起，统称为"远州喜好"。

2. 对后水尾上皇的敬意

桂离宫中引导空间的御幸道和新御殿，即御幸御殿，是专为后水尾上皇增建的。回程时还可以在御幸道上远远地观赏比睿山，整体设计细心周到。此外，外腰挂和赏花亭表现对上皇敬意的细节也比比皆是。

照片 2-85　松琴亭的市松纹

（1）外腰挂的等候区和蹲踞

此处专门为上皇设置了专属的巨大踏脚石，代表王者风范，专供上皇踩踏的部分较高，其他不希望上皇踩踏的部分则设计得略低且踏上去也不是很稳，以保证上皇不会踏错。依靠这种设计，无需刻意引导便让上皇知晓其专属座位的位置（照片 2-86、图2-13）。

照片 2-86　外腰挂的分段式踏脚石

蹲踞的踏脚石设置成小堀远州喜欢的"く（日语假名）"字形，上皇站在垫高的左侧，侍者从右侧打水服侍上皇洗手（照片 2-87、图 2-13）。

照片2-87 "〈"字形踏脚石的左侧较高且宽大

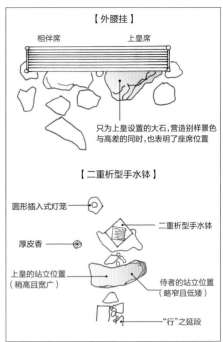

【外腰挂】

相伴席　　　上皇席

只为上皇设置的大石,营造别样景色
与高差的同时,也表明了座席位置

【二重析型手水钵】

圆形插入式灯笼

二重析型手水钵

厚皮香

上皇的站立位置
(稍高且宽广)

侍者的站立位置
(略窄且低矮)

"行"之延段

图2-13 外腰挂详图

(2)赏花亭的设置

在赏花亭里可以眺望比睿山,脚下则是引人注目的一二石(照片2-88),与上皇在修学院上离宫(照片2-89)地面上设计的一二三石(照片2-90)有异曲同工之妙,通过将构成一二三石的三块石头删减掉一块的手法进行设计。智忠亲王去世后,上离宫建成,夕阳斜照下浮现出的一二三石向世人展现着上皇对智忠亲王的思念。

照片2-88 桂离宫"赏花亭"的一二石

照片2-89 修学院离宫"上御茶屋"欣赏到的景观

照片2-90 修学院离宫"上御茶屋"的一二三石

3. 同西本愿寺的关联

（1）智仁亲王的妹妹梅宫

西本愿寺和桂离宫基本在一条路上，离桂川对岸的桂山庄比较近，嫁到西本愿寺的梅宫经常到桂山庄作客。西本愿寺中将净土真宗极乐往生的思想以"绘图说法"进行表现，描绘了二河白道图。

绘图的上段描绘彼岸的极乐净土，下段与此岸之间有一条笔直的白色道路将河一分为二，右侧的"水之河"是汹涌的波涛（贪婪），左侧的"火之河"是熊熊燃烧的火焰（嫉妒），表明这两种欲望是通往极乐世界的阻碍（图2-14）。

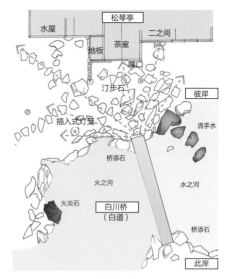

图2-14 白川桥周边示意

（2）二河白道的具体化

在松琴亭的入口，高高架起了一座平衡木般以白色切石构成的白川桥（照片2-91）。仔细观察，可以发现前方右侧是"流手水"，左侧是象征火焰的"火炎石"。此处立体地呈现了画中的情景，远处的汀步石像佛光般以放射状铺设开来（照片2-92、图2-14）。

此外，从近处的滨道看到的松琴亭充满农家氛围，从白川桥仔细看的话，屋檐与山墙层层叠叠，仿佛极乐净土殿堂的华丽景色迎接着客人的到来（照片2-91）。

从空间表现上来看，不仅是为了妹妹梅宫，似乎也能窥见哥哥智仁亲王向西本愿寺的人们传达着"请多关照我妹妹"的愿望。同时，"市松纹"也是对智忠亲王的妻子娘家前田家的一种感谢吧。桂离宫里可以发现很多隐藏的意图，十分有趣。

照片2-91 中央为石桥，左侧为火炎石，右侧为流手水。房檐与山墙重叠，构成华丽的松琴亭

照片2-92 呈放射状铺设的汀步石。桥的两端采用细致的处理，通过做旧处理产生的色彩变化使桥的两端显得更为狭窄

二、设计的技法

户田：前文介绍了重要空间的设计构成，接下来我想用几个关键词来分析庭园内随处可见的细微技法。

1."起伏"与"错落"

野村：从建筑与庭园的关系来看，相对于由建筑构成的严格的轴线关系，庭园的特征是将设施和园路略微错开，带来错落起伏的空间节奏。朝向松琴亭的外腰挂附近作为连接异世界的导入空间，大量使用苏铁树，营造出摇曳多姿的场景（照片2-93）。桂离宫的汀步石采用与前进的直线方向相错位进行设置以及将看向脚下的视线暂时移开等做法，营造出步行的同时视线左右摇摆的错落起伏的步行感受。

照片2-93　使用苏铁树演绎异世界的氛围

2. 轴线与方向

前文已经叙述过庭园的整体轴线构成，此处想针对小的轴线进行说明。桂离宫中较多使用直角转弯的园路，带来紧张与惊喜感，使人精神一振，也恰到好处地营造了道路上的节点（照片2-94）。为了得到流畅的景序[63]，放置灯笼等作为标识，对着行进方向调整灯笼的角度（照片2-95），将人们引导至下一段园路，这些都是桂离宫独有的匠心。通过将灯笼、手水钵融入建筑中的技法以及由作为朝向沓脱石^{(译}者注：沓脱石，指在路边等处放置，作为踏脚石使用的石材）的倾斜轴线的"真之汀步石"所构成的鲜明的指向性特征是其看点（见第55页照片2-29），后文将对坪庭展开详细介绍。

照片2-94　从外腰挂直线前进并直角转弯的左侧山路与右侧滨道

照片2-95　暗示方向转变的方形插入式灯笼

3. 空白与补充

连接外腰挂的空间稍带一些紧张感，但进入内部后，空间尺度令人豁然开朗，在重要节点设有灯笼和手水钵等石造物。将目光转向汀步石，如果前方留有部分空间但无法继续前进，则会在空隙处补充一到两块石材，延段也在不到尽头的地方转换方向，除功能性以外也注重设置不经意的风景（照片2-96）。

在桂离宫中汀步石的角与角相合，有着许多现代造园师所避讳的交叉设计。该技法通过集中一点，营造紧张感和飘浮感。这是小堀远州的代表性设计，向四周扩散就变成了"市松纹"，当时被称为"石叠"。

此外，打乱步行路线且形状优美的汀步石将视线引向脚下，鲜明地展现了场景切换，虽然没有闭合，却创造出了心理上的"封闭空间"。另外，"鼓之瀑布"的水声也预示着与下一个场景的邂逅，这是桂离宫特有的设计。

4. 时间与速度

为打造悠然漫步的效果使用了汀步石，但在眺望天桥立的滨道中设置了一个小的上坡。园路变高的同时视野也变得开阔，可以尽享周围美丽的风景。通过强调汀步石的高度向人们传达着独特的匠心，行走时稍加留意便可察觉。

经过松琴亭后，通往前方的汀步石朝着正面的树林笔直延伸，这是为了让步行者尽快通过。汀步石的大小和铺设方法无声地传达了造园者想要引导人快速前进，或是让人驻足环顾左右的意愿，可以说是庭园鉴赏的妙处所在。另外，在各处设有"回望之景"的标识，希望各位可以心领神会，驻足停留，欣赏美景。

照片2-96 重复使用补充设计的汀步石的铺装技法

小堀远州的影响

人们普遍认为桂离宫如今的姿态与智忠亲王的第二次营造密不可分，但小堀远州的部下及其周围人的付出也功不可没。自智仁亲王以来，桂离宫中描绘了"源氏物语"和"白居易"的世界，但当时风靡一时的还是小堀远州风格的"Kireisabi（綺麗寂び）"。通过任用可实现这一点的人才，打造了超越小堀远州的远州风格的庭园世界。

在茶道中，"喜好"指的是茶人（译者注：茶人，指茶道家、茶师）的风格，相对于"贵族之茶"和"侘寂利休"，也有华丽的"武人之织部"，充满了独具个性的战国茶人风格。如果重新审视，就会发现，茶道并非只为修行精神求道，也不是美术鉴赏和美食聚会，更不是为了满足厌倦了浮华的有闲阶级回归自然的愿望。

茶道从美和合理性的视点尝试重新审视并构筑人的行为和文化。在日常生活和交际场合的"用与美"的碰撞中，茶道将艺术引向高峰，对日本文化的影响不可估量。

小堀远州幼年时期与千利休相识，之后拜古田织部为师，在成为幕府将军的茶道师傅之前一直醉心茶道。但是，他的本职是负责国家项目、建筑事业的作事奉行（译者注：作事奉行是镰仓、室町、江户幕府的官职名称）。小堀远州在空间上喜欢建筑化的泾渭分明的直线，以推行主流的"真"的风格为名义，在孤蓬庵等作品中，甚至连排水沟也体现出美与谦虚。使这种精神和技法随处可见的小堀远州的"Kireisabi （綺麗さび）"是桂离宫最大的魅力所在。

支撑瀑布造型的声音

嵯峨院有"名古曾瀑布"，法金刚院有"青女瀑布"等，名园有名瀑，引领人们走向这一更高境界的是梦窗国师。喜欢在山中修行的梦窗国师对自然的观察力不仅限于景观，在技法上他也做出了新的尝试。

瀑布石组中，西芳寺的枯瀑布广为人知，与其同一时期建造，有着4.2 m高差的天龙寺龙门瀑布则是水景瀑布的经典案例。从假山顶部落下的瀑布一般会被认为是枯瀑布，但过去是用水管将从背面山麓的涌水导至此处，打造水落下的效果。

下段与方丈室相距45 m，风景秀美，但水量较少，水声微弱，难免显得魄力不足。重新在平面图上进行确认，发现岩岛位于方丈室的中心轴上，瀑布下段位于中心轴左在5 m的位置。岩岛右手边是已经干涸的水渠，吐水口位于小假山后方，好像是从那里发出的水声。

昭和初期重森三玲的图纸中在引水渠的遗迹上标注了"排水渠？"的疑问记号。此处确实是假山的排水渠，但通往水池的落水口散布了圆石，这里应该是发出水声的引水渠。天龙寺瀑布由供人观赏的龙门瀑布和发出水声的引水渠构成。瀑布必须有水声，四条大纳言公任（译者注：四条大纳言公任，即藤原公任，关白太政大臣藤原赖忠的长子，曾担任正二品权大纳言，又被称为四条大纳言。他是日本平安时代中期的著名歌人和歌学者，也是中古三十六歌仙之一，在和歌、汉诗、管弦乐方面展现出卓越的才能，并成为当时和歌领域的中心人物）曾赋诗道：

天生飞瀑涛声烈，不负名传天下长。

"名古曾瀑布"水位落差不大，但从下游的流水宽度来看，曾经应该是水量丰沛、水声悠扬的瀑布。

三、用与景的设计

卢田：最后看一下各部分的细节。我想一边回顾在桂离宫之前建造的名园与桂离宫的关系，一边具体解析各个细节的形成和独创性。

景观设计中"用与景"的平衡是永恒的课题，根据规划的内容、空间的不同，两者比重的设置方式也有所区别。如果把庭园设计项目比作"车"，那么"用和景"就是车的轮子，失去平衡就无法前进。最近的公园大多都是仅以"用"为目的而建造的，我不禁怀疑这样做是否正确。但"如今应该怎样使用公园"这一问题困扰着公园的相关人员，在这样的环境下，我开始担心建造时是否连"用"都没有被考虑到。

那么，在桂离宫中是怎样运用"用与景"的呢？确认过前文提到的理念和方案后，应该就能理解"用"的均衡配置。此外，在"景"的方面，有着无可挑剔的秀景，恰到好处的平衡感再次展现了桂离宫庭园的精髓。

接下来，我想一边探索庭园中细微的设计，一边探寻在"美"中所隐藏的各种意义和技术。首先以竹垣为例，在介绍"用"以外，也将从"用与景的平衡"以及"空间的层次"的角度进行详述。

1. 竹垣的用与景

野村：访客进入桂离宫后，映入眼帘的竹垣是桂川河堤一侧绵延不绝的桂垣。接着看到的是从堤道转向正门的木贼垣。此外还有朝向正面广场，将木贼垣夹在中间，通向通用门的穗垣。桂离宫的竹垣由这三种类型构成。

首先，"桂垣"用活的淡竹（苦竹的一种）编织而成，从内侧可以了解到竹子的姿态，初次看到的人会非常震惊（照片2-97、照片2-98、图2-15）。

接下来的"穗垣"是明治时代所设计的，表面贴着枝条整齐的竹子，将上部斜切而成的竹枪竖向排列，外形雅致，升华了安保用途，设计别出心裁（照片2-99、图2-16）。

最后是正门的"木贼垣"，虽然只是用劈开的竹子竖向排列，但是在细节上做得极为出色。削去竹筒的竹节，运用被削去的竹节的痕迹展现了华美的皇家清雅之姿（照片2-100）。

照片2-97　使用活的淡竹编织而成的桂垣的内侧

照片 2-98 桂垣的外侧

照片 2-99 穗垣

照片 2-100 正门的木贼垣

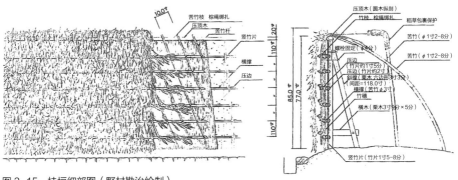

图 2-15 桂垣细部图（野村勘治绘制）

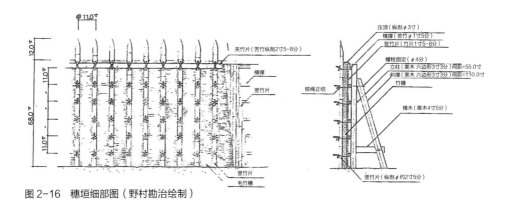

图 2-16 穗垣细部图（野村勘治绘制）

　　如上所述，竹垣以三个阶段的设计进行
表现，同时梳理了面向大门的"草、行、真"
的布局，调整了访客的心情（表 2-3）。

　　通过超越时代界限精彩的"用与美"的
结合，打造了初访桂离宫时，值得细加观赏
的首个场景。

表2-3　竹垣构成

真	木贼垣	静静迎接访客的清雅设计
行	穗垣	用于安保的雅致设计
草	桂垣	用于防灾的朴素设计

四、主要区域的设计

1. 书院御兴寄坪庭

户田：接着介绍书院御兴寄[64]的坪庭。在经过精密计算的空间中，进行自由设计，既是具有格调的空间，同时又充满了悠闲的意境，值得玩味，堪称日本第一坪庭。这个小空间由以下7个关键词构成，可以看到与现代设计的相通之处（图2-17、图2-18）。

（1）铺装的层次

野村：通往坪庭的园路伴随着"草、行、真"的变化，虽然很难被察觉，但却是导入空间的亮点（图2-17）。

● 草——到中门的园路是砾石铺设（现在是"霰零"）的"草"（照片2-101）
● 行——中门是在前方大块的"霰零"中设置自然石踏石的"行"（照片2-102）
● 真——用切石铺成"田"字形，规格最高的"真"（照片2-103）

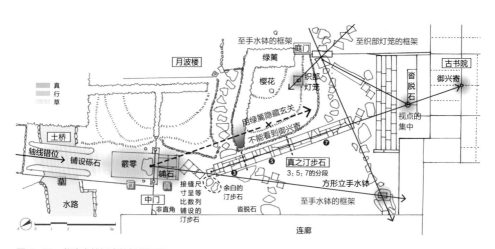

图2-17　书院玄关坪庭的轴线示意

图2-18　书院玄关坪庭的剖面图（野村勘治绘制）

照片 2-101　从坪庭看中门。通往中门的砾石铺装（草）

照片 2-102　回望"霰零"中铺设自然石的踏石铺装（行）

照片 2-103　回望田字形的切石铺装（真）

照片 2-104　通过中门框架看到的方形立手水钵

照片 2-105　通过庭园门的框架看到的方形立手水钵

（2）建筑物的框架

从中门看方形立手水钵，从庭园门看织部灯笼和方形立手水钵，使用框架截取风景，通过对象物吸引视线，在不知不觉间引导人们进入坪庭（照片 2-104、照片 2-105）。

（3）汀步石中的等比数列关系

从"田"字形的铺石延伸向前的方形汀步石的接缝尺寸呈等比数列关系扩展，这是小堀远州喜好的构造中偶尔可以看到的表现方式。此外，在行进的反方向设置"く"字形也是小堀远州喜好的设计，行动和视线的不同给予空间动感与变化，使景色更为丰富（照片 2-106）。

（4）空白与补充之美

在"く"字形的汀步石前，有两块不通往任何去处的汀步石，这就是桂离宫风格的体现。在改变行走方向之前，让视线先捕捉到汀步石，这一分从容与体贴是桂离宫独特的韵味（照片 2-106）。

（5）具有远近感的延段

被称为"真之汀步石"的延段指向正北，与建筑物的轴线错开，斜向设置，意味深长。因此坪庭不受建筑设计的支配，延段显得更为深邃。另外，左侧的土山遮挡了御兴寄，打造景深感，使坪庭显得更为宽敞，这一技法今后也可以应用于各类空间中（见第60页照片2-42，照片2-107）。

（6）延段中轴的设计

"真之汀步石"的中心轴穿过御兴寄沓脱石的右角，前方室内的柱子是视线停留点。从御兴寄回看，右侧的长石和左侧的延段形成了等腰三角形，展现出宽广的构图（照片2-108、图2-17）。与书院相对，中门、绿篱、土桥以微妙的角度错开，创造出富有正式感以及错落起伏的独特空间感受。

（7）实用性与视觉矫正

沓脱石顶部鼓起是为了使排水看起来更为柔和的小细节。石材呈梯形，在书院一侧略宽而另一侧略窄，从而强调了前进方向上的立体视觉感受，使角显得柔和，不经意间营造出一种安定感。

建筑物附近的形态中隐约可见小堀远州的设计的影响，这就是桂离宫的世界。

照片2-106 "く"字形汀步石的接缝尺寸呈等比数列关系展开

照片2-107 两块铺石呈八字形暗示着八条宫家

照片2-108 从御兴寄看到由铺石和汀步石形成的八字形

2. 笑意轩周边

户田： 位于庭园最深处的笑意轩，布局和尺度都让人感到安心。前文已经叙述过此处的高私密性，我想更详细地进行说明。

野村： 从"梅之马场"看到的笑意轩在水平方向上显得很长，与一眼农家风格的松琴亭相比，呈现出近代数寄屋建筑的比例配置（照片2-109）。从元禄时期（1688—1703）的绘图中可以看出，这一角由绿篱围合，与冠木门（译者注：冠木门，指两根木柱上搭一根横木的门）及草坪相连，是与其他区域分隔的空间（照片2-110）。平时作为宫家的私人空间使用，前方的水池和码头与如今的姿态和规模大致相同（图2-19）。

照片 2-109　从对岸观赏笑意轩

照片 2-110　笑意轩外苑和腰挂遗址

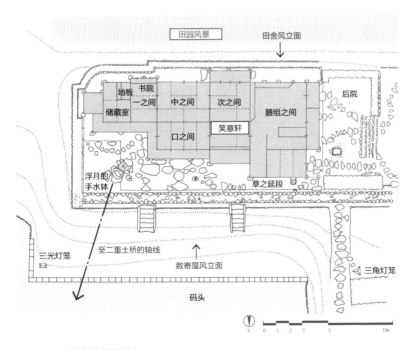

图 2-19　笑意轩和周边示意

桂离宫的乐趣中不可缺少的是游船，其中乘船穿越两座土桥的活动很有人气（见第 38 页照片 2-7）。笑意轩前的矩形水池效仿了小堀远州喜好的仙洞御所，但这里更像是码头，充满了港口的氛围。三光灯笼也仿佛栈桥的甲板灯，整体采用非庭园化的演绎方式，构思与现在的主题公园十分相似，再现了真实的波浪与港口。

因此，笑意轩的木板门以船桨和箭的把手进行表现。另外，如果换个角度看，也是与相邻的弓箭场、马场、蹴鞠场等活动空间对应的会所空间，没有任何装饰的设计可以说是有意而为的。

在笑意轩的另一个乐趣，是从敞开的窗户可以眺望到田园风光和天王山、男山[65]。这可以说是缩小版的修学院离宫，在别墅生活中增添了欣赏百姓生活的乐趣，从田园方向看到的外观也比松琴亭更具农家风格（照片 2-111），令人欣慰。

从笑意轩望去，书院群位于北侧，南面向光的建筑之美即使在当时也值得观赏，透过樱花树眺望的景色也别有一番韵味。房间的北侧没有设置任何遮挡，

照片 2-111　农家造型的外观设计

照片 2-112　蹲踞（浮月的手水钵），后方可以看到新御殿

照片 2-113　从笑意轩前望向园林堂、二重桥

地面也因为设有汀步石，行走时也会发出声响，所以被认为是"草之延段"。对岸的雪见灯笼（见第 96 页照片 2-125）很小，并不妨碍书院的景色。

作为庭园的布置，东侧的房檐前设置有"浮月的手水钵"，正如其名，明月映照在其中，但从房间的东北侧是映照不到月亮的（照片 2-112）。可以说手水钵是透过两重土桥的轴线上的聚焦点（见第 38 页照片 2-7，照片 2-113）。

从理念中诞生的桥梁设计

日本最古老的庭园记录是在推古天皇二十年（612），《日本书记》中记载的百济（现在的韩国）人路子工在小垦田宫的南庭建造的须弥山和吴桥。这是一座精巧的石桥，从庭园发展的黎明期开始，桥就是重要的组成部分。平安时代的净土庭园以木造的朱漆平桥和拱桥的双桥为一组，其中，拱桥是浮世和圣域、净土的边界，也是将两者相连的桥梁。

南北朝时期，梦窗国师在西芳寺建造了巨大的中式亭桥，并在天龙寺龙门瀑布下架设了3座自然石桥。三桥指代三界（欲界、色界、无色界）、三教（佛教、道教、儒教）、三世（过去、现在、未来）等，解释十分多样，而庭园是鲤鱼（行脚僧）化身成龙（悟道）的修行场所，瀑布则是道场。将鲤鱼栖息的池塘（浮世）和圣域隔开的桥，从池塘看相当于三门，不是人过的桥，而是鲤鱼（云水）潜行的门。

自梦窗国师以来，日本的庭园建设发生了翻天覆地的变化，桥也沿袭了三桥的形式。其代表性的庭园是足利义政的银阁寺，以东求堂前的白鹤岛为中心，设置了将右侧两座桥作为一座桥的仙袖桥，以及左侧的仙桂桥，合计三桥，打造了深邃的景观。桂离宫天桥立的岛和桥被认为是对这一景色的仿效。

五、细节的考察

1. 三桥的历史

野村：桂离宫对月亮的执着可以说在银阁寺之上，松琴亭前的天桥立和"鼓之瀑布"的构造与银阁寺东求堂前水平镜像后的景观别无二致（照片 2-114）。天桥立没有采用银阁寺中把两座桥变成三座桥的手法（参照专栏 2-10），虽然只有两座桥，但如

照片 2-114　银阁寺的桂仙桥

果加上"鼓之瀑布"的石桥，平面上就变成了三桥，可以说是同样的构成。

顺带一提，当初从"红叶马场"到松琴亭曾架起一座朱漆木桥。换个角度来看，朱漆木桥的"真"与鹤岛右侧切石拱桥的"行"、鹤岛左侧石桥的"草"形成三种形态的桥梁，融合了小堀远州所喜爱的"真、行、草"的华丽构造。

2. 瀑布的水声

"鼓之瀑布"是桂离宫唯一的瀑布（见第 67 页照片 2-61），水位落差约 20 cm，水声并不大。水流的原型为桂川上游的大堰川，低堰的形状引用自《源氏物语》中的"松风卷"。桂离宫在整体上虽然并未设计使用险峻的石组，但这里却设

计了狭窄深邃的溪谷，设置了营造景色，且可作为回音板放大水声的石组，并配置了提升效果的石桥。与天龙寺（照片2-115）相同，声音传达的距离为45 m，可以一直传到松琴亭的和室中。现在想要听清楚水声已经很困难了，不过，在被静寂包围的古庭园中，凉爽的声音想必是可以传到房间里的。

3. 汀步石之景

一般来说，汀步石从房间或腰挂等观察点开始，按照近处尺寸较大，而后逐渐变小的规律进行设置。这是一种加强实际空间景深的手法，在桂离宫中古书院的玄关坪庭和外腰挂都可以看到。

面朝水池的古书院的汀步石设置了两条并行的"闪电"形铺石，前端略微突出，设计颇具余韵。此外，对应向中心延伸的空白部分，从南庭的沓脱石通往左侧深处的汀步石设置在内侧，动态的变化十分出彩（照片2-116、图2-20）。

照片2-115　天龙寺的瀑布石组和石桥　　照片2-116　从古书院看到的汀步石和铺石

此处的延段和汀步石可以说是建筑物前景观设计的范本，考虑了建筑物规模以及蹴鞠场的大空间的石材设置与营造，其效果可以说十分大气且绝妙。但是，只有在书院的室内和沓脱石附近才能欣赏到这些美景。

一般来说，汀步石大多针对的是前进方向上的景色，但桂离宫有时也会准备一些精彩的回望景色。从玄关坪庭的中门朝向玄关的汀步石景观是简约且朴实无华的（见第60页照片2-42），从玄关回望的景色却呈放射状扩张，是充满开放感的华

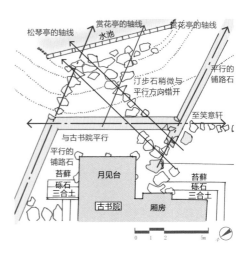

图2-20　月见台和汀步石示意

丽景色（见第88页照片2-108）。

　　另外，在外腰挂周围设置了巨大的汀步石，其中也含有以回望之景强调远近感的意图（见第64页照片2-49）。这块汀步石虽然大得出奇，却没有厚重感，反而带来一种浮云般的飘浮感。这是因为没有按照汀步石理论对齐合端[66]只通过汀步石的一个角相互衔接，使人行走在串联巨大汀步石接点的线上。

　　这一技法对动线进行把控，目的在于引导宾客，可以说是造园家从过去传达而来的无声留言。在露地中用汀步石引出小堀远州最为喜爱的松琴亭市松纹（见第78页照片2-85），将建筑和庭园融为一体，呈现出"庭屋一如[67]"的完美形态。

　　如前文所述，在桂离宫中可以看到很多现代造园师所避讳的手法，比如将汀步石的角与角合在一起的交叉设计。但这种组合是和风设计的众多样式之一，值得我们学习（照片2-117）。

　　另外，汀步石引导视线向下，制造了场景转换的契机。从书院区域开始，以建筑物前侧的景观为主，汀步石多铺设在这一侧的庭园中，而书院背面的庭园景色略有瑕疵。即使是桂离宫似乎也很难做到面面俱到（照片2-118）。

照片2-117　交叉设计的汀步石

照片2-118　朝向古书院的汀步石是隐藏的风景

汀步石富有深意的表现

汀步石是世界庭园中值得特书的人行道路，是迄今为止以最简单的设计把控行人动线的方式。汀步石源自茶庭，通往茶室的露地为了防止灰尘扬起，迎接客人前需要向庭园洒水，但这样做很容易弄湿客人的草履，为了解决这一问题，汀步石应运而生。

虽然也考虑过使用延段，但为了不失茶庭想要描绘的深山野趣和自由度，并从施工难度等方面考虑，最终茶庭还是主要以汀步石衔接各个空间。汀步石在不影响步行的前提下可自由地创造景观，铺设于注重艺术的大厅前，营造出现代艺术般的景色。

将铺设汀步石比喻成下围棋，但围棋棋子是平面扩张的，而汀步石则是点状配置以线相连，但有时也会以平面进行扩张。例如，从古书院的大厅到庭园空间中，在近处铺设了向左右延伸的大型石材作为汀步石，十分精彩。通过结合室内空间打造横向宽度，将人引导至庭园时不会产生景物左右晃动之感，使人可以顺利前进。

另外，在桂离宫观赏石组或名树时，能感受到一种愉悦的紧张感，而非外力的压迫感。故意将汀步石做得凹凸不平，从脚下发出提醒注意的信号，使步行者的视线落在脚下，用于场景唤起或转换中。我们放慢步行速度，或稍微加大步幅，按照300多年前作者的想法行动。桂离宫庭园运用汀步石特有的技巧掌控景序，称之为"汀步石之庭"也不为过。

4. 延段之景

庭园内纵横延伸的延段不一定是一次性建成的，御幸道和红叶马场的"霰零"铺石是明治时代修建的。被比作"真、行、草"的御兴寄、外腰挂、笑意轩的延段，在元禄时期的绘图中，御兴寄和外腰挂是大颗的"霰零"，与现在的样子不同。从整体延段的图纸来看，让人很难接受切石的"真之汀步石"是"霰零"的样子，并且也没有描绘笑意轩的延段。

桂离宫不是一天修建而成的，代表性的事例就是延段的变迁，继承了创建以来对不可侵犯的美的执着，历经岁月，孕育了桂离宫庭园。最新的例子中引人注目的是园林堂汀步石和散水的组合，散水是20世纪30年代（昭和时代）的工作，现已成为"摩登之桂"的象征（照片2-119）。

5. 土桥之景

园内的桥大致分为石桥、土桥、板桥三种，其中因实用性而被重视的土桥有5座（照片2-120、图2-21）。这些都是拱桥，不仅用以行人过河，还考虑到船舶的穿行，所以架得很高，这种情况比其他庭园更多。主题应该是取自中国江南的水乡巡游和日本住吉神社的太鼓桥。

照片 2-119　变换角度的汀步　照片 2-120　萤谷的土桥
石使园林堂侧面景致更加丰富

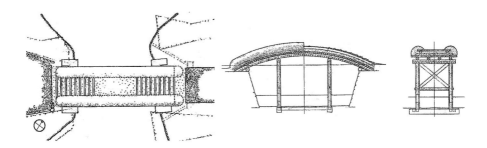

图 2-21　土桥的平面图、横向立面剖面图、纵向剖面图（野村勘治绘制）

6. 竹垣之景

　　桂离宫的代表性竹垣有桂垣（见第85页照片2-98）、穗垣（见第85页照片2-99）、木贼垣（见第85页照片2-100）三种，在明治时代桂离宫编入政府管辖进行整备时整修而成。三个竹垣所形成的"草、行、真"的构成并非偶然，而是作者精心设计的结果，正是这些人凝结了桂离宫之美并流传至今。

7. 灯笼之景

　　园内的石灯笼共有24座，但没有以美术鉴赏为目的的石灯笼，也没有为展示设计而存在的石灯笼。除了织部灯笼（照片2-121），其余均是原创设计，简朴而小巧的外形贯彻了实用性。即使到了后世也被评价为"现代的灯笼"。现在仍排列在石屋店头前的岬型石灯笼（照片2-122、照片2-123、图2-22）、水萤石灯笼（图2-23）、三光石灯笼（照片2-124、图2-24）、雪见石灯笼（照片2-125、图2-25）、三角石灯笼（照片2-126、图2-26）等均是其代表。

照片 2-121　鼓之瀑布旁的织部灯笼

照片 2-122　借鉴三潭印月灯笼的岬型石灯笼

照片 2-123　中国杭州西湖的三潭印月灯笼

照片 2-124　照亮笑意轩水面的三光石灯笼

照片 2-125　小巧的雪见石灯笼

照片 2-126　照亮笑意轩周边的三角石灯笼

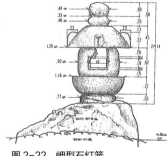

图 2-22　岬型石灯笼

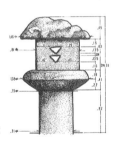

图 2-23　水萤石灯笼

图 2-24　三光石灯笼

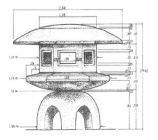

图 2-25　雪见石灯笼

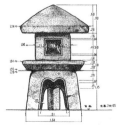

图 2-26　三角石灯笼

注：图 2-22 至图 2-26 均为野村勘治绘制。

此外，在桂离宫设置最多的织部灯笼近年来在日本广泛地被使用，也证明了桂离宫巨大的影响力。

8. 手水钵之景

桂离宫的7座手水钵中没有在草庵的露地中所常见的"插入式手水钵[68]"，或许乍一看很相似，细看下来并非如同"插入式手水钵"一样插在地上，而是放在台座上的手水钵。另外，在园林堂前和玄关坪庭可以看到高耸的"立手水钵"（照片2-127），其他的蹲踞将前石设置得很高，强调蹲下的使用姿势（见第79页照片2-87）。这是由于手水钵之景即使为"真"，也尊崇千利休方便使用的思想与小堀远州喜好的"草"风格进行打造。

赏花亭前使用五轮塔水轮的"铁钵形手水钵"（照片2-128）、外腰挂的"二重析型手水钵"（又称凉泓手水钵，照片2-129、图2-27）、笑意轩的"浮月手水钵"（照片2-130）等都是具有代表性的手水钵。

照片2-127 坪庭中的方形立手水钵

照片2-128 赏花亭前的铁钵形手水钵

照片2-130 笑意轩的浮月手水钵

照片2-129 外腰挂的二重析型手水钵（凉泓手水钵）与圆形插入式灯笼

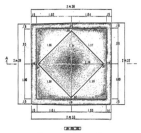

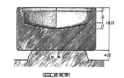

图2-27 二重析型手水钵平面图、剖面图（野村勘治绘制）

结语

户田：我们从各个角度充分领略了桂离宫的魅力，感觉像是经历了一段相当长的旅程。追溯目前尚存的庭园，使用设计语言，回顾了庭园的建造过程，但我觉得还有很多东西没有阐述。桂离宫庭园可以说是日本信息量最大的庭园。

野村：确实，目前为止已经去过很多次，但还是觉得有漏看的地方。在天桥立发现龟石也是源自曼殊院带给我的印象，只关注桂离宫是无法解开其全部奥秘的。在日本庭园中，无论是什么样的名园，都以"本歌取"的形式，参考过去的庭园，汲取其深奥内涵。如果能找出其中的联系与规律，将每个庭园故事化，就能建立起关于日本庭园的知识脉络。

户田：这次让我感受强烈的是现代简练的桂离宫庭园空间意外地充满了人情味。对身边人表达关怀与款待之情、对权力者表达尊敬之情，等等，打造了集各种情感表达于一体的庭园形式。

野村：是的，日本庭园的起源是"爱"——对地域的爱，对人的爱，对历史的爱，对生命的爱。我认为每一处效果呈现都延续了日本庭园的历史。优美的庭园跨越时代依旧能够打动我们，我们今后也要守护和珍惜。

户田：现在参观桂离宫也变得非常容易，希望大家去的时候一定要带着这本书。如果能在那里捕捉到只有自己才能发现的场景，感受在那里的空间和时间，将是再好不过的事情了。

我们差不多该跳出布鲁诺·陶特［译者注：布鲁诺·陶特（Bruno Julius Florian Taut, 1880—1938），是一位活跃于魏玛时期的德国建筑师、城市规划师及作家］的桂离宫理论，以日本人的心理和兴趣为线索，多层次地探索桂离宫庭园了。以探索与理解桂离宫的角度，重新审视所有的日本庭园，必定能够发现日本庭园新的面貌。

专栏 2-12

曼殊院庭园的"本歌取"

关于曼殊院庭园和八条宫智仁亲王的弟弟良尚法亲王，在专栏2-4"仿照桂离宫的曼殊院"中有叙述。

我认为庭园并不是由一个造园家创造出来的。它继承了过去时代的精神和形态，虽然工程暂时完成，但仍然需要经过漫长岁月的打磨。对曼殊院庭园的打造是怀着对桂离宫的深厚敬意进行的，大概是因为日本庭园就像"连歌"一样，是紧密相连的。曼殊院庭园根据"远州喜好"而建造，理解曼殊院庭园对于理解桂离宫庭园也非常重要。桂离宫主要是室外赏园，但曼殊院庭园是与建筑一体的庭园，可以享受室内赏园的乐趣。如果可以体验两种庭园效果的连锁关系，应该就可以感受到日本庭园悠久历史中的一个画面了吧。

1. 参考桂离宫的御幸道和以"住吉之松"为意象的走廊以及龟岛的松树
2. 通过汀步石和蓬莱石表现直线型园路和视线停留点
3. 连接天桥立岛屿的两座桥和鹤龟石组采用同样的表现方式
4. 桂离宫的"汀步石和延段"中经常采用保留多余部分的表现方式

第三章　津田永忠与后乐园

导言

小堀远州的名字在日本家喻户晓，但是我想介绍的是稍晚在冈山县登场的津田永忠（1640—1707）。小堀远州参与的大多是国家项目，而津田永忠则以冈山县本地项目为主，成果斐然。津田永忠像藩主〔译者注: 藩，是日本江户时代幕藩体制对于将军家直属领地以外大名领国的非正式称呼〕池田光政〔译者注: 池田光政（1609—1682），是日本江户时代早期大名〕一样治理领地，完成了包括兴建后乐园在内的许多重大项目。其中新田开发、港湾开发、藩校的创立等功绩卓越，也为冈山藩的财政奠定了基础。此次，我想一边追寻津田永忠参与的众多项目，一边探索可以说是集其一生成就的后乐园。

第一节　后乐园的建造者们

户田： 置身于后乐园中，仿佛身心都被这广阔的空间所吸引。不仅是因为空间广阔，庭园中潜藏着怎样的历史和技术也令人感到期待。与半个世纪前建造的雅致的桂离宫和宏伟的小石川后乐园不同，后乐园简洁明亮，宛如西方的巴洛克花园[69]。此处汇聚并积累了仅凭造园无法完成的人文哲学思想与营造技术。此次，为了解读这个不可思议的庭园空间，我特意前往了冈山。

野村： 在解读空间之前，我想先对后乐园建造的时代背景、冈山藩的情况、人物关系进行介绍。开门见山地说，关键词是"人"，其名为津田永忠。

在回顾备前冈山〔译者注: 冈山指地区旧名，全称备前国冈山〕时，被誉为明君的池田光政和备受争议的池田纲政（1638—1714）在藩政方面的功绩不容忽视。新田开发、学习古代中国周朝租税法的井田经营、后来成为闲谷学校的闲谷学问所、根据周礼而建的池田家历代的和意谷墓所[70]，这些都是父亲池田光政的功绩。其子池田纲政也延续了大部分事业，在新田开发及充实闲谷学校外，还营造了如今成为冈山热门景点的"后乐园"。

但是，冈山县的居民应该不会把这些功绩单纯地看作是两位藩主的功劳。因为县民们都知道，有一位能吏支撑并推动了父子两代人的事业，他就是津田佐源太永忠，在冈山，人们亲切地称呼他为"永忠先生"，他至今仍受到县民的尊敬。一般来说，在冈山，后乐园被视为是津田永忠的功绩，甚至有人提出要将津田永忠的众多事业汇总后申请为世界遗产，可见其人气之盛。

第二节　闲谷学校的思想与空间

户田："国家强盛则文化兴盛"，文艺复兴时期佛罗伦萨的繁荣由美第奇家族所造就，这是毋庸置疑的事实。首先，人才是国家强盛的基础，关于冈山藩是如何推进教育这一点，我们以闲谷学校为例，追溯其思想与空间。

宽文十年（1670），三十一岁的津田永忠奉命设立闲谷学问所。起初的闲谷学校只是一处习字场所，但池田光政对闲谷学校寄托了特殊的情感，其表现便是他让津田永忠直接参与了学校的建造和经营。

此外，池田光政对儒家的偏爱非同寻常，与他对佛教的不信任形成鲜明的对比。即使在池田光政死后，闲谷学校也在继承其衣钵的津田永忠的努力下得到完善。

观察其地理位置，背面靠山，是一处"风水"宝地，并且作为学习的场所也是极为适合的（照片3-1）。

野村：可以说闲谷学校的绝妙之处首先在于其优越的地理环境（图3-1）。山谷下约1km处的石门是通往这仿若另一天地的学习之庭的起点，也是与外界分隔的边界。空间的演绎使来访者和求学者的情绪逐渐高昂，被群山悠然地围合在内的学舍保留了庭园的风格。学习场所与风景融为一体的空间，无声地传递着创始人的育才理念（照片3-2）。

户田：石墙内的庭园被草坪覆盖，与周围的树林形成鲜明对比，加之绝佳的地理位置，堪称完美。此外，孔庙附近种植了作为学问之树而闻名的"楷树（黄连木）"，学生们被完美的树形和红叶围绕其中（照片3-3）。

闲谷学校无论是从远处眺望，还是从近处仰望，或是在校园中都能感受到独特的氛围，这是从何而来的呢？

照片3-1　从正面观赏闲谷讲堂

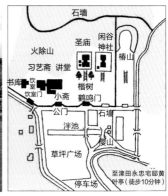

图3-1　闲谷学校的布局

野村：我想这主要源于分隔内外的石墙。如画般优美的山峦与内部一碧千里的草坪被白色的石墙隔开，对比鲜明，景致堪称独一无二。从材质上看，给人厚重印象的石墙顶部圆滑，不隔断与外部环境联系的同时，也避免了使内部环境形成封闭感受，而悠然地横亘在两者之间（照片3-4）。

往者不追，来者不拒。这间学舍无声地传达了根据自身意志自由学习的思想。表达建造者思想的石墙，从古至今都是闲谷学校的象征。

此外，石墙独特的形状来源于保护冈山不受洪水侵蚀，被称为"卷石"的堤坝和港口的堆石，象征着冈山藩的基础设施，也蕴含着津田永忠的思想。

户田：另外，此处也有可圈可点的景观空间。位于闲谷讲堂东侧的池田藩主的供养塔与周边空间散发着寂静且神秘的氛围。朝向草坪山丘圆坟的笔直轴线构成参道，两旁连续的山茶林微暗，到达前方的供养塔后，空间豁然开朗，供养塔占据了视线（照片3-5）。

周围的堆石采用自由坡度，两侧舒缓，中央的背面部分逐渐变得紧凑。这一坡度变化产生的美感难以用言语形容，使人沉浸其中。与闲谷讲堂整体宽松的氛围截然不同，充满紧张感的供养塔空间有许多值得一学之处。

照片3-2　从讲堂内部向外眺望

照片3-3　孔庙的"楷树"

照片3-4　与外部作区分的线形石墙

照片3-5　供养塔和山茶的参道

第三节　后乐园景观

一、后乐园的成立

户田： 接着开始介绍后乐园（图3-2）。说起为津田永忠一生功绩锦上添花的成就，那就是贞享四年（1687），津田永忠四十八岁时开始营造的后乐园。后乐园开工前，津田永忠已经参与了辛岛新田开发等土木工程，元禄十三年（1700），津田永忠六十一岁时后乐园初步建成，至此为止的约十年间，是其一生中最为忙碌也最为辉煌的时期。

野村： 后乐园在池田光政之子池田纲政的提议下诞生，庭园与冈山城隔旭川相望。宇喜多氏作为领主的时代建造的冈山城改造了搦手[71]，一侧的旭川用于防御。当时，这种改造充分发挥了搦手的功能，但后来出现了威力强大的枪炮，使得天守阁有可能会受到来自对岸的攻击。为了加强搦手的防守，需要拓宽护城河，庭园北侧的旭川分流就是那时所挖掘的。

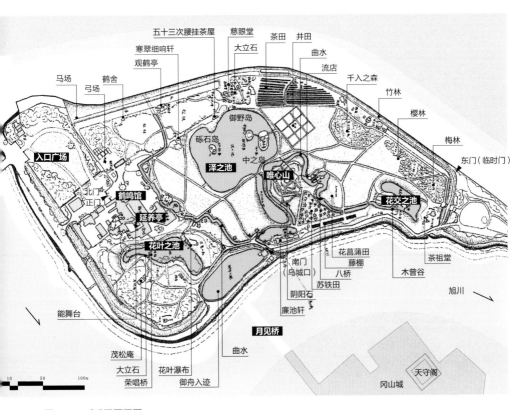

图3-2　后乐园平面图

二、后乐园入口

户田： 后乐园的入口包括北口（正门）、南口、临时的东口，大部分游客选择从北口入园。进入入口，走过石桥，触人心弦的美丽景观在眼前展开（照片 3-6）。从那里可以看到轴线上的冈山城天守阁（照片 3-7），或许在造园时就已将此处设定为庭园的入口。

照片 3-6 从Ⓒ入口处看到的草坪广场区域

照片 3-7 在园路轴线上观赏冈山城天守阁

野村： 从藩主的理想中诞生的后乐园，从城池入园才是首选。从古地图中可以看出，"御舟入迹"（译者注：御舟入迹，指藩主御用船码头）位于如今的南入口附近的河川上游附近，因此可以看出过去藩主是从对岸的冈山城乘船进入庭园的（图 3-3）。由此可以想象，从这里拾级而上进入御成门，眺望着田园和草坪广场再到达延养亭是正式的路线。

很少有像后乐园这样以天守阁或广阔的草坪广场作为第一场景的庭园，毕竟将乐趣滞后才是全球共通的庭园展现方式。

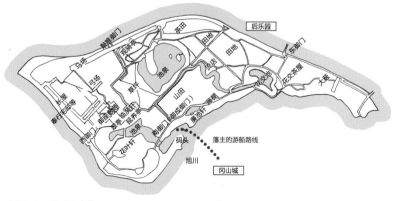

图 3-3 后乐园古地图

三、后乐园的功能分区

户田：要想解释如此广阔的庭园，需要参考在桂离宫学到的知识以掌握空间的结构。接着，将对以"用和景"为基础的功能分区及作为框架的轴线结构进行观察。

俯瞰后乐园，庭园由数个区域组成（图3-4）：

Ⓐ 入口区域——与北入口大门相连的草坪广场；

Ⓑ 御殿区域——鹤鸣馆和延养亭的建筑物及小庭园；

Ⓒ 草地、泽之池区域——中央的草坪广场与泽之池；

Ⓓ 花叶之池区域——延养亭南侧的池泉；

Ⓔ 原入口区域——御舟入迹的水面；

Ⓕ 唯心山区域——以唯心山为中心的设施群；

Ⓖ 农田、树林区域——茶田、农田、梅林、樱林；

Ⓗ 花交之池区域——木曾谷与最终之池；

Ⓘ 慈眼堂区域——慈眼堂与大立石；

Ⓙ 树林、管理区域——庭园端部的树林及管理地区。

宽广的庭园通过回游路线有机地连接，顺着中央宽广的草坪广场往下走，南侧的"花叶之池"是封闭的空间，形成了鲜明的对比。此外，与唯心山周边的设施和农业空间等充满变化的庭园景观邂逅所获得的乐趣也是后乐园的魅力所在。

野村：从北入口往前走，站在庭园的一端，宽阔的草坪广场左侧是泽之池（C区），背景是唯心山，直线园路的前方耸立着冈山城的天守阁。在此能感受到在其他日本庭园中体验不到的开放感和力量感（照片3-6、照片3-8）。

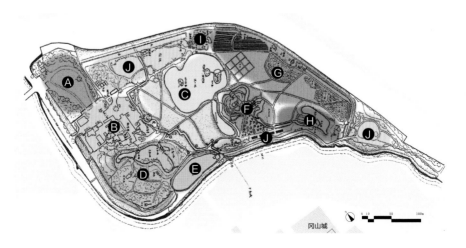

冈山城

图3-4 后乐园功能分区图

照片3-8　ⓒ草地、泽之池区域

　　草坪广场外围沿园路设置的曲水采用切石，各处所配置的石组形态生动，打造了生机勃勃的流水景观。曲水的后方是并排建造的御殿（B区），在池田纲政时代建造的延养亭前流水变得蜿蜒，驳岸的石组形态丰富，颇具看点（照片3-9）。

　　花叶之池（D区）的水面极低，兼具作为内护城河守护宫殿的功能。在设计上仔细考虑了从延养亭观赏的效果，充满了中式氛围（照片3-10）。在中国随处可见的曲桥（荣唱桥）、巨大的立石（阴阳石）、奇石组成的瀑布石组也散发着中式韵味。中国风的水池名称与莲花盛开的风景相得益彰，复刻了杭州西湖边庭园的意趣。

　　不可错过的是作为原本正入口的御舟入迹（E区），此处还原了藩主来园时的姿态（照片3-11）。

　　唯心山（F区）是池田纲政之子池田继政建造的人造山（高6m），在此可纵观园内大部分景色（照片3-12）。人造山作为中景，具有衔接远景山峦的作用，在功能和造型两方面都是改建的成功案例，细节也充满魅力。

　　苏铁田、花菖蒲田、八桥、藤棚、流店等区域的庭园设施相连，山腰上的石组也错落有致，令人百看不厌。农田、树林（G区）设有井田、旱田、茶田、梅林、樱林、红叶林等，广大的空间内呈现了对应季节变化的美景，展现了鲜明的四季特征。此外，这里经常作为举办活动的场地被使用，也是展现众多活动乐趣的空间（照片3-13）。

　　从位于曲水末端的木曾谷将流水落入花交之池(H区)(照片3-14)的"花交瀑布"，从池之泽汀步所看到的景色十分有魄力。慈眼堂（I区）也有很多观赏之处，是令人印象深刻的空间（照片3-15）。

照片 3-9　Ⓑ近处的草坪广场和御殿区域

照片 3-10　Ⓓ花叶之池区域

照片 3-12　Ⓕ唯心山区域

照片 3-11　Ⓔ原入口区域的御舟入迹

照片 3-13　Ⓖ农田、树林区域

照片 3-14　Ⓗ花交之池区域，注入池中的木曾谷　　照片 3-15　Ⓘ慈眼堂区域

四、后乐园的观察点和聚焦点

1. 轴线的构成

户田：因为冈山后乐园没有像小石川后乐园那样通过故事情节设置景序，所以我想从大部分人使用的北入口开始分析（图 3-5）。首先，从 **1** 开始，将正面的冈山城天守阁、左侧的唯心山作为庭园核心将景观汇聚。接着，右侧的延养亭等御殿随之展开（见第 104 页照片 3-6），在入口附近一次性展示这么多庭园的构成要素实属罕见。

野村：虽在前文已提到过这一丰富多彩的景观，但我想再次通过轴线构成进行说明。决定庭园框架的轴线构成分为两种——衔接外部的轴线与衔接内部点景的轴线。由以下参照物构成了与外部衔接的轴线：首先是右侧的天守阁，其次是远处位于东侧作为后乐园的地标建筑而建造的安住院多宝塔[72] **2**（照片 3-16），最后是左侧深处备前富士的芥子山。将轴线沿庭园对角的景致依次移动，使景色显得深邃宽广，手法相当高明。

另外，以作为藩主休息处及客厅的延养亭为起点，也设置了呈现唯心山、多宝塔的轴线，往天守阁方向虽也有轴线，但其设计意图不明，如今已被树木遮挡，无法看到了 **3**。

在园内，从唯心山山顶向四周延伸的轴线与全景是一处看点 **11**（见第 106 页照

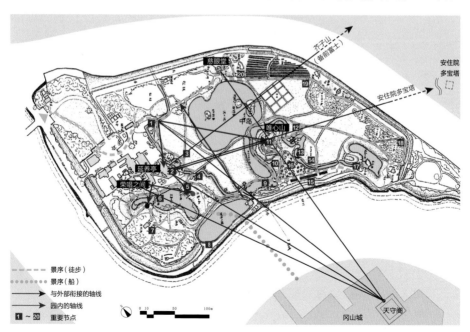

图 3-5 后乐园景序和轴线的构成示意

片 3-8）。之后，从北侧慈眼堂附近巨大的大立石（阴阳石）起，"中岛"的凉亭、唯心山、天守阁连成一条直线，表现出强烈的方向性[20]（照片 3-17）。

照片 3-16　[2]可以看到唯心山后方远处的安住院多宝塔

2. 延养亭附近的设计

户田： 从慈眼堂沿着园路一边左转前行，一边仔细观察景序。从北入口进入后，左侧是开阔的草坪广场，右侧是伴有涓涓细流的致密的建筑群，空间设计截然不同。

野村： 这里设置了曲水作为景观和建筑物的边界。池田光政醉心于儒教，受其熏陶，津田永忠也将汉学的世界表现于延养亭周边的庭园中。曲水可以说是隔开作为日常空间的草坪广场和比喻为理想之地的建筑物四周的护城河[3]（照片 3-18）。仔细观察，曲水中构筑了龟岛，设置了鹤石组，在檐廊下放置了将自然奇石设计成宝船形状的平水钵（照片 3-18、图 3-6）。

沿园路继续前进，从正面可以看到整齐的石组[4]（照片 3-19）。曲水旁设置具有小品风格的萤灯笼，富有特色的景观配置是后乐园中的最佳风景之一（照片 3-20）。

照片 3-17　[20]从阴阳石穿过中岛、唯心山至天守阁的轴线

照片 3-18　延养亭前设置作为边界的曲水

照片 3-19　[4]锁定视线的石组

照片 3-20　[4]由切石驳岸构成的现代风格的曲水和石灯笼

户田： 位于此石组右侧的巨大铺石看起来有些突兀，这究竟具有怎样的意义呢？**4**（照片3-21）。

野村： 这应该与从城内出发的路径有关。藩主一行从城内乘船入园，从码头乘轿进入御殿。这一铺石很可能是用于放置轿子的基石。虽然如今因为树木的遮挡已经看不见了，但有一条从延养亭通过铺石到达天守阁的轴线，从某种意义上来说，也起到了遥拜石的作用。从延养亭眺望的景色自然是后乐园中首屈一指的，希望能够更多地向公众开放延养亭。

3."花叶之池"的设计

野村： 由延养亭开始，沿园路右转拾级而下，就能看到"花叶之池"，气氛也随之一变（照片3-22、图3-6）。左侧是水声悦耳的瀑布，分成数条落下，营造了巴洛克式的奢华感**5**（照片3-23）。为了保证从延养亭眺望到的景色，瀑布改变角度，朝向建筑物一侧。覆盖池塘的莲花因其生命力，在中国被认为是具有"阴阳和合、子孙繁荣"等寓意的吉祥植物，因而在大名庭园中广受欢迎。

再往前走，就能看到荣唱桥和巨大的大立石。曲折蜿蜒的荣唱桥**6**（照片3-24）是对中国庭园中曲桥的创意改造，与莲一起表现出浓厚的中式氛围。大立石**6**（照片3-25）是将大石分割成九十多块后运到此处设置的阴阳石，与闲谷学校的石墙、港口堤岸等处的堆石的堆砌方法一脉相承，可以说是在土木工程中收获的技术成果。

照片3-21　**4**与园路相连的铺石

照片 3-22 ⑥莲花繁茂的"花叶之池"

照片 3-23 ⑤花叶瀑布

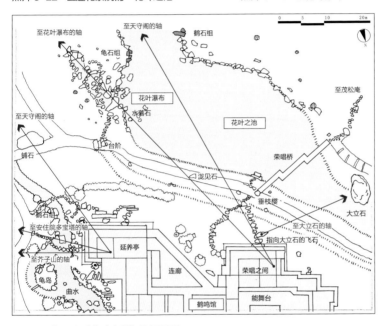

图 3-6 御殿和"花叶之池"的平面图

照片 3-24 ⑥荣唱桥

照片 3-25 ⑥"花叶之池"中巨大的大立石（阴阳石）

"花叶之池"以子孙繁荣为主题，瀑布也由阴阳石组成，建筑物和曲桥都被命名为"荣唱"，是同名字一样繁荣的空间。从"荣唱之间"开始的水池十分深邃，在水池前方可以看到天守阁，由左右两边的驳岸构成的鹤龟石组沿袭了"吉祥长寿"的设计理念，采用了合乎逻辑的结构。

户田：在林间前进中可以看到茂松庵，露地的汀步石大胆地使用切石进行处理，简约而美丽。延养亭的前庭中也使用了切石，以表现迎接藩主和宾客的礼仪，其设计与小堀远州的风格有一脉相承之处**7**（照片 3-26）。

"御舟入迹"紧邻旭川，虽然很容易被忽视，但还是想要对此处是原来入口这一事项进行确认。根据最新发现，重修了雁木，使人们可以联想到当时藩主乘船入园的场景**8**（照片 3-27）。

从这里向着草坪广场的方向行进，到达廉池轩，逐渐人性化的空间明亮而惬意。

照片 3-26　**7**茂松庵的露地

照片 3-27　**8**御舟入场遗迹的雁木

专栏 3-1

大名庭园的焦点是"城"

从北门进入庭园需要过桥，从桥上望去，天守阁浮现在近乎笔直延伸的园路远端，另一处可以远眺到城池的地方则是慈眼堂，因此在后乐园中，存在着以上这两条朝向城池的轴线。

关于从慈眼堂眺望的焦点，唯心山虽然提升了景观的深度和立体感，但也遮挡了部分天守阁的景致。唯心山是后来加设的，以前这里是松树繁茂的平原，周围的风景和流店（译者注：流店作为供藩主休息以及欣赏庭园的场所，为二层木造建筑，一层只由细柱支撑，不设墙壁与隔断，四周通透，可随意进入，一楼室内贯穿水路，作为夏日解暑纳凉之用）更添一份风雅趣味，天守阁方向的景色也更为通透。

从御殿的延养亭可以欣赏到与四周风景融为一体的全景，从"荣唱之间"可以眺望汇聚在天守阁的美景，即提供了横向扩展和纵向延伸两种眺望视角。

过去在地方的大名庭园中经常出现将天守阁有效融入庭园的案例，但如今几乎已经消失，只剩下彦根城和冈山城了。冈山后乐园是将城池与庭园完美结合的宝贵案例。

4.从廉池轩到唯心山

野村: 在散布于园内的各处亭舍之中,池田纲政最喜欢使用的就是廉池轩,在这里可以享受到明亮而广阔的景观**9**(照片3-28)。廉池轩是符合池塘比例的小型建筑,风格十分现代,长切石桥将周围柔和的景观紧密地联系在一起。从那里可以远望"泽之池",下游也在附近,可以看到三种不同的水的表现形式,是一个非常奢华的观赏地点。

廉池向"泽之池"和"曲水"供水,高度不同的水面形成了不可思议的景观**9**(照片3-29)。

户田: 从廉池轩到唯心山的路线是庭园最为精彩的部分,从山顶眺望景色是一种乐趣。位于庭园中心的唯心山被赋予了怎样的意义呢?

野村: 唯心山象征着富士山,从"东海道五十三次腰挂茶屋"隔着窗户看到的沿途风景可以说是大名庭园的固有模式。

登上唯心山之前有一处阴阳石**10**(照片3-30),山顶的石头更为逼真,后乐园可以说是阴阳石的博物馆,质和量均达到了极致。

沿着汀步石畔一边看着脚下一边登上山坡,山顶处画风一转,视野豁然开朗,效果极佳。从山顶眺望景色,清风和煦,令人心旷神怡**11**(见第106页照片3-8)。北侧斜坡上的枯瀑布石组以错落起伏的优雅姿态呈现出轻快的洛可可风格[73]氛围**11**(照片3-31)。

照片3-28 **9**廉池和廉池轩

照片 3-29　⑨俯瞰泽之池，观赏堤坝上的曲水　　　照片 3-30　⑩唯心山山脚的阴阳石

照片 3-31　⑪错落起伏的枯瀑布石组

5. 流店及周边的设计

野村：曲水穿过"流店"蜿蜒前行⑫（照片 3-32）。流店作为举办曲水之宴和休憩场所的凉亭颇具人气，以东西为长轴的流水从中穿过，关于其设计将在后文叙述⑫（照片 3-33）。

户田：经过流店的曲水描画着优雅的曲线到达"八桥"⑬（照片 3-34），流经附近的"花菖蒲田"⑭、"藤棚"⑮、"苏铁田"⑯以及四季的赏花景点，再经过最深处的"花交之池"⑰（照片 3-35）后回到旭川。这一带的景观和延养亭附近的大不相同。

照片 3-32　⑫流店的全景

照片 3-33　⑫流店的内部

照片 3-34　⑬流店前方的八桥

照片 3-35　⑰花交之池

野村： 包括延养亭在内的御殿区域是"中国的世界"❷~❻、唯心山周边的区域以梅林、竹林⑱、农田、水田和茶田⑲（照片 3-36）构成"日本的风景"⑩~⑰。在栽培和收获等具有生活气息的风景中举办活动，广阔的日本风景进一步提升了后乐园的魅力（图3-7）。

照片 3-36　⑲农田、水田前方的天守阁

走到茶田尽头，泽之池和草坪广场再次出现在眼前，到达慈眼堂附近，风景也开始变得复杂，暗示着已经进入了巨石林立、绿树成荫的慈眼堂区域⑳。此处作为圣域，设有神社和鸟居等与池田家的祭祀仪式相关的设施（见第 109 页照片 3-17）。

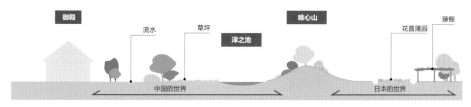

图 3-7　中国的世界和日本的世界

日本庭园中的农业空间

在大名庭园和离宫庭园中，可以看到许多以"农"——即生产绿地等田园风景作为景趣设置的案例。例如，小石川后乐园和仙洞御所中设置了田园风光，而桂离宫和修学院离宫则是在田园中设置的离宫，将劳作的农民也置于景色中，赏心悦目。

离宫中设有可近距离观赏农民生活的空间，而大名庭园则与外部划清界限，作为秘苑创造出了田园空间。名义上是对作为国家经济支柱的农业的尊重，但其实是为了享受插秧、收获等祭典以及夏天的瓜见（狩猎）等娱乐活动。农业的风景不仅提供了景趣，农作物也供领主食用，增添了生活的乐趣。

此外，还设有赏梅、赏樱、赏红叶的活动空间，提供了只有在大名庭园中才有的乐趣。如今后乐园以草坪庭园令人印象深刻，但曾经只有御殿周边是草坪，其余部分作为田地使用，也被称为"御后园"。赏花、收获，在曾经的后乐园中通过现代的休闲方式，开展了多样的活动。

五、后乐园的水景

户田： 众所周知，水是后乐园重要的元素，在多处设计中皆有使用。但相较于庭园，河流的位置非常低，为将水引入园中采用了怎样的技术呢？

野村： 后乐园城池的西南侧是旭川，背面的东北侧是护城河，宛如飘浮于水面高台上的沙洲。过去没有水泵技术，河流水位也比后乐园水面低很多，但水却在高台之上的庭园里悠然流淌，构成了一副不可思议的景象。

谜底是将从距后乐园约 4 km 的旭川上游取到的水，运用虹吸原理，通过高超的土木技术隐藏在护城河下方。毋庸置疑，这是治水和新田开发中土木技术的运用，由工程相关的技术人员参与完成。

这一技术也被运用在设计中，采用切石构筑园内的曲水驳岸，控制水流的宽幅，在直角转弯处以圆弧过渡。与常见的日本庭园中的自由曲线不同，在曲线与曲线间以直线衔接，其技艺与土木技术十分相似。在小空间中这种手法略显突兀，很容易就形成稚拙的线形，不过，在后乐园那样宽广的庭园中，反而加深了现代感，希望大家可以亲眼领略这一独特设计的魅力（照片 3-37）。巧妙地控制流速，在俯瞰泽之池的堤坝上悠然流淌的水流（见第 114 页照片 3-29）体现了土木技术人员傲人的技术，凌驾于被认为是范本的津山"众乐园[74]"的曲水之上。

操纵水的技术也被运用于"流店"的涓涓细流中,完美演绎着建筑物内的"静之水"(见第115页照片3-33)。流经后乐园全境的曲水末端在"花交之池"前增加了倾斜度,飞流而下的"花交瀑布(木曾谷)"可以说是"动之水"(见第107页照片3-14)。这种鲜明的对比是知水者的技术体现。

提起后乐园,首先想到的是广阔的草坪,但庭园的主题当然还是曲水。曲水流觞作为宴饮游戏的源头,可追溯到中国古代周朝时期,周成王的叔父周公旦在三月上旬的巳日举行的曲水之宴。流觞曲水的最初目的并非游戏,而是消除灾厄,与后来的"流雏"(译者注:流雏,指漂流人偶,日本三月三日偶人节傍晚,将用彩色纸或泥土制成的一对偶人及其供品放入河中飘走,以求被除妖邪的习俗)十分相似。从招魂、镇魂到后来成为祈求国运昌隆的仪式,传达了执着于周礼的池田光政的思想,后来为举办曲水之宴建造了"流店"。

照片 3-37　池塘线形引人注目

第四节　后乐园各部分的设计

一、园路、水路的线形

户田：园路穿过广阔的草坪广场，笔直地通向天守阁，在后乐园中创造出没有高大乔木阻挡的简约空间。具有现代景观设计感的直线园路纵横交错（照片3-38），而连接流水和池塘的细腻的曲线园路充满庭园风格，对比十分有趣。

野村：负责新田开发和港湾整备等冈山藩基础设施建设的土木技术人员相较于审美，更注重合理性，这一意识在后乐园中得到了极大的发挥。

此外，小石川后乐园前庭的驳岸和两座切石桥中也蕴含了同样的意识，具有流动性的现代设计，无论什么时候看都很美。

二、瀑布石组和石组群

户田：首先观赏三处瀑布石组。其一是"花叶之池"的华丽瀑布，接着是唯心山坡上的两个枯瀑布石组，虽然造园时代不同，但都非常精美。

1."花叶之池"的瀑布石组

野村：从明亮的草坪广场一口气走下台阶，"花叶之池"周围树木茂密，仿若另一个世界。瀑布正面正对水池的长轴，为了确保位于更高处的延养亭的眺望景色，将瀑布口偏向延养亭，呈现水流落下的景象（照片3-39，见第111页图3-6）。

瀑布基于从延养亭俯视的视角进行设计。在中段处水面延展，汀步石如树叶般点缀其上，这一设计也被运用在园路中。相对于偏重石组的常规设置，在瀑布中漫步的意趣更添后乐园"水之庭"的氛围。

另外，结合莲花的高度抬高了支撑中段的石组，避免莲花遮住瀑布的情况。水打莲叶的景致，可以说是在"花叶之池"才有的巧思。

2.唯心山的枯瀑布石组

野村：江户的大名庭园中有许多眺望视野良好的人造山，如小石川后乐园的小卢山、六义园的藤代峠、户山庄的通称箱根山等，唯心山也是效仿富士山打造的。

这个山腰上的石组少人问津，但是我希望大家一定不要错过北侧缓坡上有序排列的"大泽崩[75]"枯瀑布石组（见第114页照片3-31）。枯瀑布石组造型让我想起了采用破墨[76]技法、轻笔触勾勒的山水画，之前我就很喜欢。石组做工绝妙、技艺高超，由中岛的茶屋构成视线焦点。

照片 3-38　纵横交错的直线园路

照片 3-39　"花叶之池"的枯瀑布石组迎合建筑，在左侧形成跌水

　　此外，从流店眺望，东坡上是仿照北宋山水画构建的枯瀑布，效果也很出色。流店作为室内举行"曲水流觞"的设施，使用了建筑的"景窗"手法（译者注：景窗手法，指柱子之间不设置墙等部分，并用框将中间框起来如同画框一样使景致立体的手法），将庭园打造出立体绘画般的效果（照片 3-40）。南面是逆光映照的曲水和色彩鲜艳的杜若、八桥的大和绘，与北面用石头描绘的单色北宗山水风格对比鲜明。在流店的框景中，从左侧开始在稍有起伏的野路上放置了大小不一的 5 块石头，最后以右侧的小石头收尾，犹如从枯瀑布中洒落下来（照片 3-41）。

　　这两幅风景是琳派（译者注：琳派，指桃山时代后期兴起活跃到近代，使用同倾向表现手法的造型艺术流派。本阿弥光悦和表屋宗达创始，由尾形光琳、干山兄弟发展集大成，之后由酒井抱一、铃木其一在江户确立，也称作"光琳派"）八桥图和狩野派（译者注：狩野派，指日本著名的一个宗族画派，其画风是在 15 至 19 世纪之间发展起来的，长达七代，历时四百余年）山水画结合的具象表现，都是宅邸常用的题材，称得上是活灵活现的障壁画。

照片 3-40　透过流店框架观赏周边石组

照片 3-41　透过流店框架观赏枯瀑布

3. 曲水和石组群

野村： 延养亭前的曲水穿过园路石桥，向左转一个直角后呈 S 形南下。将象征后乐园的草坪、曲水和萤灯笼组合在一起的场景简朴而优美（见第 109 页照片 3-20）。从之前的图纸中可以看出当初建造庭园时曲水并没有 S 形转弯，而是先向左转，再沿着现在的园路直奔唯心山。

沿着曲水的园路尽头处右侧设有用于放置轿子的巨大铺石和石组（照片 3-42），乍一看似乎是从延养亭延伸出来的视线焦点，但其前方是被植栽遮挡的天守阁，所以我认为这里才是真正的焦点。可以将铺石理解为在天守前设置的扇形"边界"，类似的扇形伏石在二条城庭园也能见到。

4. 阴阳石设计

户田： 大名庭园中一般会设置阴阳石来象征子孙繁荣，但后乐园相比其他大名庭园，阴阳石数量更多、规格更大，这些阴阳石的设置意图和设计之间有什么特别的关系吗？

野村： 冈山藩对阴阳石的热情超凡，备前国〔译者注：备前国，是日本古代的令制国之一，属山阳道，又称备州。备前国的领域大约为现在冈山县东南部及兵库县赤穗市的一部分（福浦）〕在海岸采集被波浪侵蚀的造型奇特的花岗岩，与对岸的赞岐国（译者注：赞岐国，是日本古代的令制国之一，属南海道，又称赞州）一样，都是名贵石材产地。在其他地方看不到的两块大立石是把石材切分成数十块搬运到此然后复原而成的巨大阴阳石（见第 111 页照片 3-25）。

照片 3-42　"花叶之池"近处的石桥和构成视线焦点的石组

另外，唯心山南面和山顶的阴阳石有着强烈的真实感（见第114页照片3-30）。相传池田纲政艳福不浅，后宫妻妾成群，他虽然性格粗犷，却有着热衷于收集阴阳石这样细致的兴趣爱好。不可否认该行为有些怪诞，但这也是和平时代才有的产物。

5. 曲水驳岸

户田： 后乐园运用大量土木技术建造曲水，仔细观察驳岸就会发现到处都是采用自然石材的石组，通过石组造型的变化赋予曲水变化，同时与附近的石组产生关联。也有仅仅是为了给单调的石砌增添变化而特意为之之处，这是功能性和设计感进行"对话"后的结果（照片3-43、照片3-44）。

6. 汀步石的设计

野村： 如果要讨论园内的汀步石，延养亭"荣唱间"前和茂松庵前的大规格石切汀步石不得不提。延养亭的汀步石应该叫延段，但使用的是打造汀步石的手法。虽然这些都是后来添加的，但其巨大的规格和大胆的设计让人过目不忘。汀步石与延养亭等宫殿营造的宏大氛围相得益彰，达到了锦上添花的效果。

照片3-43　宅邸前的过水汀步以及驳岸石组

作为林中茶室的茂松庵，其大规格石切汀步石给人一种不协调感，但现代大胆的设计使森林的昏暗处也变得敞亮壮观（见第112页照片3-26）。入口区域的石切汀步石横向排列，露地内部则整齐铺设，将

照片3-44　堆石驳岸与绿篱端部的衔接

人引导至深处。汀步石先是变成自然的矩形，最后变成常见的自然石汀步石，这是符合理论的纯粹的表现手法。仿佛作者就在眼前细致周到地摆放着每一块汀步石，向我们展示着他的审美与人格。

从"花叶之池"登上石阶的地方，有一块背朝宫殿，尖端伸向右侧的楔形汀步石，令人印象深刻。不经意地踏上汀步石，前进方向指向大立石（照片 3-45）。大立石兼作阴阳石，从侧面看显然是一块巨大的阴石，这块楔形汀步石则是与之相对的阳石。虽然阳石稍许显露出一些阳刚之气，但就像现代的男女地位一样，阳石仍略显弱势。

照片 3-45　指向大立石（阴阳石）的汀步石

专栏 3-3

庭园的品牌化

　　虽然小堀远州从没来过金地院，但如今金地院的鹤龟庭也被算作他的代表作品。因为其后人也担任同样的工作，所以小堀远州的风格在后世得以传承。

　　虽然植治的事业扩展到了关东，但他真的去过那里吗？或许是他的儿子或负责人代替植治建造了庭园。关于这些是否可以作为植治的作品，我问过研究植治的第一人尼崎博正先生，他说那是"植治品牌"。

　　植治用自己的名声和技术建立设计标准后在全国推广，开创出了一种商业模式。津田永忠的工作带有强烈的公务性质，所以从没离开过备前国，只在后乐园和曹源寺（译者注：曹源寺，位于冈山县冈山市的临济宗妙心寺派的禅寺）工作。其手下还有负责设计的智囊团，没有品牌化的必要。津田永忠庭园在跨越时代的变迁中没有消失，是因为其思想得以代代相传。采用儒教理念和土木式构思设计的后乐园将津田永忠打造的庭园特点保留至今。

三、植栽设计

　　户田：后乐园中的名贵树种很少，都是为了配合空间功能的简单植物。庭园周围是林地，核心区域也很冷清，树木稀少，只有成片的樱花和梅花供观赏，我觉得没有特别值得一看的地方。

　　野村：大名庭园的树木多是为了举办活动而种植，人在其中活动的风景是不可或缺的元素。少女插秧，女孩们结伴采茶，希望各位可以再配以笛子和太鼓等歌舞音乐展开想象（照片 3-46）。

　　后乐园如今只剩下草坪，但这里最初是御花田，也就是种植花草的田地。后乐园更像是一个种植花草的庭园，从旧图上看，城池及宅邸附近园路纵横交错。在由交错园路形成的方格内种植着花草、蔬菜。在过去，如果从天守阁眺望的话，想必可以看到错落有致的景观（照片3-47）。

慈眼堂下原来有一棵很大的含笑树，现今只剩下残株。近年来，中国的含笑花深受人们喜爱，但含笑是日本的野生树木。虽然与中国含笑花那种类似香蕉的芳香不同，但它作为芳香植物和杨桐一样是一种代表性的神树。我听参与明治神宫森林建设的上原敬二先生说过，含笑树移植困难，在森林建设时，种植了多次但最终都枯死了。但是明治神宫的手水舍附近就有这种树。

后乐园的含笑树比这个要大得多，从树桩可以判断出曾经它枝条繁茂几乎要遮住天空。含笑树春天开出白色的小花，夏天结出果实。以前我曾在后乐园见过这种果实，日语中写作"小贺玉"，也可以写作"男玉"，其果实大小正好相当于一粒睾丸。慈眼堂旁边还有另一块大立石的阴石，据说藩政时期便在这一带举行祭祀活动。

阴石与含笑树应该是一对，但是作为象征后乐园阴阳概念的珍贵树木却消失不见，着实是一件令人非常遗憾的事情（照片3-48）。

照片3-46　茶田和后方的竹林

照片3-47　从天守阁眺望后乐园

照片3-48　乌心石附近的巨大阴石

津田永忠土木事业的版图

　　津田永忠的事业不仅包括建造百间川排水渠、牛窗港石堤坝等水田开发、港湾建设，还涉及文化事业，而且均从策划做起。现代的政府职员都是各司其职，而津田永忠可以说是全知全能。想必支撑这一切的智囊团也休戚与共，既是专家又是通才，其最大的成就就是闲谷学校和后乐园。

　　运河出入口的砌石构成闲谷学校及椿山弧形优美的挡墙，这种砌石也用在了后乐园中。利用架设水道桥的水利智慧——虹吸原理构建了后乐园中宛如位于山丘之上的流水景观。

　　虽然对津田永忠是否真正了解景观抱有疑问，但是他在自家宅邸可以看到的位于山间绝佳位置的岩盘处设置瀑布景观，他也亲临了瀑布效果实验。瀑布以超乎想象的水量，宛如一条纯白纺绸气势磅礴地落在山麓交接处，这一景观便是景观设计的极致表现。

1. 吉井川水闸遗址

2. 田原用水［译者注：田原用水，从和气町田原井堰出发，经由赤磐市（旧熊山町）最后到达濑户町的水渠，江户时代初期为使用吉井川的河水而建造］跨过小野田川的石桥

3. 从津田永忠宅邸遗址眺望的岩盘瀑布

和意谷池田家墓所

津田永忠的藩地建设项目始于池田家的和意谷墓所。从最初的墓地挑选开始，全都是津田永忠亲自参与。按照藩主池田光政"尊儒教，尚周礼"的想法建造的土馒头墓虽然简朴，存在感却很强，与山中环境相得益彰，尊敬虔诚的氛围弥漫其中。

更让人叹服的是参道，穿过鸟居向前延伸的道路变成了汀步石，舒缓向上的山路并不险峻，步幅舒适，缓急交织着通往墓地。感知温暖的每一步都是津田永忠亲自确认并铺设的。汀步石是直接传达作者待客之心的庭园之物，从中可以看出作者的水平。津田永忠的第一项工作就是设置汀步石，可以说这是一个极好的开始。

虽然朴素但可以充分看出他的真诚。仅用语言无法一一传达，所以推荐大家亲自体验，或许可以和青年时代的津田永忠来一场对话。

1. 和意谷墓所

结语

户田： 本章内容围绕津田永忠对后乐园做了讲述，从中我们可以感受到他创立事业的意图和理念，以及传达思想的巧妙之处。此外，对于作为综合策划者津田永忠来说，是没有必要将土木、园林领域进行细分的。

后乐园的建设展现出技术人员的独特精神，为实现项目落地，他们以自己的智慧将技术应用到现实当中。这也让我重新认识到，正是因为敬仰主君推崇的哲学、学习藩地历史、感受时代文化，才能历经岁月，打造出一座名园。正因为技术人员秉持最初的思想，不问时代变迁，始终保持对细小空间的精致表现，才有了今天的后乐园。

站在后乐园悠然的空间前，联想到如今的设计活动一直要求保持原创并以此为傲。我们应该更加积极地吸收前辈营造的空间特色及造园技巧，再灵活运用到现在的设计中，我一边这么想着，一边走出了后乐园。

第四章 绘画技法与日本庭园

导言

我们以桂离宫、冈山后乐园为例，阐述了回游式庭园的"智慧与技术"。其方法是遵循日本庭园的建造过程，通过遵循"庭园理念""庭园的思路和体系""庭园设计的技法"，阶段性地阐明庭园所表现的内容。

本章将探讨日本庭园与其他传统艺术的关联及受到的影响。首先是与绘画的关系：一个是由日本家喻户晓的室町时代水墨画画家雪舟创作的位于山口市的常荣寺雪舟庭，另一个是由奠定狩野派基础、确立壁画样式的狩野元信创作的妙心寺退藏院庭园。两个庭园的样式、设计均不相同，这一点从两位作者的画风来看也是可以理解的。两位画家充分发挥自己的画技，创造了名垂青史的庭园。在此，我想一边阐明庭园的内容，一边解读庭园和绘画的关系，进一步传达其魅力。

第一节 绘画与日本庭园的关联

户田：日本绘画的源头是佛画。到了平安时代中期，开始出现使用中国绘画技法描绘日本风景和生活的作品。描绘中国主题的画被称为"唐绘"，描绘日本主题的则被称为"大和绘"，两种绘画各自得到了发展。

野村：从中国带来的文书和绘画都是卷轴，因此在日本，也是从右向左阅览横长文书。此外，平安时代的建筑样式中，在正殿欣赏庭园就是通过撑开板窗的上半部分（蔀户）遮挡天空，板窗的下半部分（木板）遮挡白沙广场，窗户作为大银幕框架，如同欣赏画卷一样，欣赏着庭园风景。蔀户最开始应该也是从唐朝传来的。

蔀户和庭园的关系在室町时代建造的金阁寺中也可以看到，这一点很有意思。三层金阁的概念和建筑样式如下所示（照片4-1）。

● 一层 公家风（寝殿造）

● 二层 武家风（书院造）

● 三层 寺院风（唐样造）

照片 4-1　以具有极致完美的美感而著称的金阁

　　一层是平安时代以来的寝殿造构成，打开蔀户向外眺望，庭园的主题和主景尽收于横长的框架中。观赏这一"宽银幕"式的景色时，从右边的龟岛、鹤岛、九山八海石起，到左边更远处的芦原岛上的蓬莱石组至细川石，再至曾经存在过的水池左下角的钓殿。从右侧的龟岛向左侧，逐渐向远处布置岛屿以强调远近变化，赋予庭园景深感（图 4-1）。也就是说，将庭园置于建筑物的框架之内，以从右向左的顺序展开，遵循画卷的鉴赏方式打造庭园。

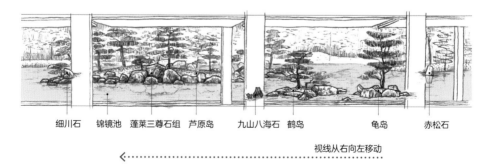

| 细川石 | 锦镜池 | 蓬莱三尊石组 | 芦原岛 | 九山八海石 | 鹤岛 | 龟岛 | 赤松石 |

视线从右向左移动

图 4-1　从金阁的一层殿堂内看到的立面图　右侧石组接近建筑，越往左侧则离建筑越远，强调远近变化，欣赏庭园的视线移动方向与欣赏画卷的相同，从右向左引导视线（野村勘治绘制）

户田：平安时代的《源氏物语》画卷也同样采用了从高空俯瞰建筑物的"吹拔屋台[77]"的技法，这和我们设计师使用的平行透视图绘图法相同，便于说明空间的状况。采用这一技法可以明确地把握与建筑物之间的空间，即庭园的位置，捕捉到庭园场景的连续构图。另外，有名的"鸟兽戏画"也是从右向左根据时间线推进故事剧情的发展，和回游式庭园一样，是"时间性景观"的画卷。

野村：从镰仓时代到室町时代，从仰慕的中国传来了山水画。堪称中国艺术巅峰的北宗绘画十分特别，北宗山水画在足利将军的沙龙中备受重视，甚至出现了专注于绘画的画僧。雪舟则是这个时代最具有代表性的画僧，他创作了《秋冬山水图[78]》等多幅作品，并在之后的庭园中也留下了手迹。

这一时期，由于武士的兴起，上层阶级的居所都是书院式建筑，与"壁龛"相呼应，挂轴般的纵长构图广受欢迎。建筑外部的门窗从蔀户到舞良户[79]，打开房间中两扇窗户的其中一扇，就会形成像挂轴般的开口，庭园的景色也是结合开口部分打造的。

进入安土桃山时代后，在隔扇、屏风等分隔室内的家具上作画的情况变多。特别是武士等掌权者，为了展现自己的形象，会采用豪华壮丽的障壁画。引领这种风潮的是狩野派，并在狩野永德的时期迎来了全盛。但遗憾的是，由于为当时的最高权力者所绘制的作品都在安土城和大坂城等处，大部分作品都被烧毁了。

到了江户时代，位居画坛中心的狩野派其派别的画师成为幕府的御用画师，流派日渐壮大。等身大的障壁画也给庭园营造带来影响，被称为"立体化活障壁画"的书院庭园得以出现。

江户后期，随着町人文化的盛行，浮世绘等被庶民所津津乐道。浮世绘是描绘江户风俗的版画，能以低廉的价格生产，是平民的娱乐之一，后来也受到法国印象派画家们的高度评价。以旅行中的见闻为主题，绘制了各类名胜风景的歌川广重（译者注：歌川广重，原名安藤广重，日本浮世绘大画家）的风景画与大名的回游式庭园的主题是相通的。

户田：那么，概观绘画的历史之后，我想对本章主题"绘画与日本庭园"的关联性进行解析。首先，我想从画僧雪舟负责造园的山口常荣寺开始说明。据说活跃于山口和福冈等日本西部地区的雪舟建造的庭园有几处得以保存至今。

第二节　雪舟与山口常荣寺庭园

野村：雪舟是室町时代的画僧，也是山水画的集大成者。他出生于备中（日本冈山县），在京都的相国寺师从周文（译者注：周文，字天章，号越溪。少年时进入相国寺修禅，跟随幕府著名画师如拙习画，学习中国南宋李唐、夏圭、马远的风格，之后自成一家，成为幕府山水第一名手）学习绘画，后移居周防（日本山口县），创建了画室"云谷庵"。

受到山口的守护大名大内氏的资助，雪舟的绘画事业在当地得以发展，在此期间，雪舟创作了从中国地方（译者注：中国地方，是日本的一个区域概念，位于日本本州岛西部，由鸟取县、岛根县、冈山县、广岛县、山口县五个县组成）西部到北九州的几处庭园。以常荣寺（日本山口县山口市，照片4-2）为首，加上万福寺[80]（日本岛根县益田市，照片4-3）、医光寺[81]（日本岛根县益田市，照片4-4）、龟石坊[82]（日本福冈县添田町英彦山，照片4-5）以及近年发现的常德寺[83]（日本山口县山口市）等庭园作品，作为"雪舟庭园"而闻名于世。

照片4-2　常荣寺庭园的枯山水

照片4-3　万福寺庭园

照片4-4　医光寺庭园

照片4-5　龟石坊庭园

1467 年，雪舟乘坐大内政弘（译者注：大内政弘，是室町时代的守护大名大内氏第十四代当主）的勘合船西渡中国，两年后回到日本。在前往大明的旅程中，除了从中国的自然环境中学习外，也得到了接触宋、元名家作品的机会，这对他之后的绘画事业产生了巨大的影响。其现存的作品中有六幅画作被认定为日本国宝，在日本绘画史上获得了极高的评价。

一、山水画的表现与庭园

户田： 雪舟的杰作《秋冬山水图》构图稳定，笔触有力。根据解读，前方从右向左以之字形配置岩石和山峦，在画面上方表现景深感。但是否可以略微梳理一下山水画的基础知识呢？

野村： 水墨画有描绘自然风景和花鸟的，也有表现寓意故事的。风景画即山水画，不只是描绘自然，而是以表现人的意志、行为与自然融合为主体，大部分山水画都是空想的世界。因此，甚至特意将描绘真实风景的作品称为"真景图（写实）"。比起眼前的真实景色，憧憬（空想）的世界才更有价值，绘画真实地表现了人们憧憬自然，希望沉浸在其中的心情。

日本禅宗分为临济宗、曹洞宗、黄檗宗三大宗派，根据其起源和教义，与自然的距离感也各不相同。本来，禅宗是将远离人烟的山中作为修行场所的，但在日本，临济宗受到当权者的庇护，在市内和近郊建造了大规模的伽蓝，并且打造了作为山峦的庭园景观等，用山水画和庭园来表达对自然的渴望，结合城市中的自然景象展现憧憬中的中国景色。

另外，以永平寺为代表的曹洞宗道场位于深山，地处大自然之中，没有必要建造庭园。黄檗宗由于寺院数量少，其与庭园的关系鲜为人知，但通过近年的调查，在黄檗山万福寺发现了隐元（译者注：隐元，是中国一代高僧、日本黄檗宗宗祖）建造的庭园。隐元以令他大为感动的富士山为参照建造了庭园，对日本的庭园营造也产生了一定的影响。

临济宗仿照中国的山水并将其打造成庭园的景观，与此相对，黄檗宗的隐元在庭园中打造了往来江户时令其深受感动的富士山，这一点非常有趣。两者都将憧憬的世界表现在庭园中，充分说明了庭园的作用。之所以在寺院名前加上"山号"，是因为僧人的修行场所基本都在山中，在这一点上可以看到与道教世界的重合之处。

山水画一般将近、中、远的三景（图4-2、表4-1）以图层组合的方式进行构图，我想将从这一绘画表现所发展而来的庭园石组与绘画进行比较。山水画中描绘的"由近而远"的构成由将人向"深之又深"引导的庭园设计所延续。此外，山水画大致可分为"高远、平远、深远"的三远构图法（表4-2），常荣寺庭园也是由这一技法的组合所构成的。

图4-2　岳翁《山水图》　具有代表性的高远山水画（临摹）

表4-1　山水画的近景、中景、远景与造园的手法

分类	山水画的手法	造园的手法
近景	使用墨汁饱满的笔触，表现优美、沉稳的低矮山景	使用风化后圆润的石材，不妨碍关键景色的模糊化表现
中景	作为整体画面的要点，采用不稳定的构图，以富有动感的表现，凸显险峻的远景	采用形态较为丰富的石材构成悬垂的岩壁，以不稳定结构赋予动感，向远景过渡
远景	表现高山的远景，以淡墨飞白的笔触呈现耸立的险峻之姿	采用与绘画相反的高大的自然剥离面石材，明确地将视线集中于一点

表4-2　山水画的高远、平远、深远与造园的手法

分类	山水画的手法	造园的手法
高远山水	竖向构图，仰视山峦瀑布	从低处仰视瀑布、流水、高山
平远山水	横向构图，观赏广阔的湖沼等	从水平处观赏广阔的平庭（译者注：平庭，指没有起伏，在平坦的地形上打造的庭园）、池泉
深远山水	竖向构图，俯视深山幽谷	从高处俯视瀑布、溪流

二、常荣寺庭园的形成

卢田： 既然已经了解了山水画的大致轮廓，那么我想一边将庭园的构成与绘画作以比较一边进行讨论。雪舟是在大内氏的领导下开始建造庭园的，那么在此之前是否有建造庭园的经验？而且他为什么要建造庭园呢？

野村： 虽然没有明确的文献记载，但结合他在京都修禅的经历来看，若有那样高超的绘画技能，则完全有能力创造庭园。雪舟很有可能是因为年轻时进入京都的相国寺，接触到了建有塔头（译者注：塔头，又称塔头寺院，指佛教寺庙中，高僧死后，弟子在其卒塔婆附近或用地内，为守护其卒塔婆所建立的小院、小庵。在日本，由本寺所属且在本寺境内的寺院，也称作塔头寺院）的金阁寺、银阁寺的庭园。后来，他的师父成为天龙寺住持，他作为亲信进入了天龙寺。与师父一起生活的云居庵就在庭园旁，可以说就像住进梦窗国师的庭园中一样，每天都可以近距离感受天龙寺庭园的龙门瀑布。常荣寺庭园中最为出色的龙门瀑布很明显是参照了天龙寺，甚至说其超越了原作也毫不为过。

大内政弘参加了应仁之乱（译者注：应仁之乱，指 1467—1477 年日本室町幕府时代的封建领主间的内乱，在八代将军足利义政任期内幕府管领的细川胜元和山名持丰等守护大名之间发生争斗），在京都逗留了十多年，把京都的文化带回了山口。山口以京都为范本推行城市建设，京都的"八坂塔"被认为是留存至今的琉璃光寺中秀丽的五重塔的原型。常荣寺庭园建造于大内氏的山庄原址上，但大内政弘对这座山庄有着特别的感情，委托雪舟再现金阁（楼阁）及其庭园。大内政弘知道雪舟所在的相国寺的山外塔头寺院是金阁寺，因此对他发出了委托（图 4-3、图 4-4）。

三、常荣寺庭园的设计

1. 山水画的立体化

卢田： 常荣寺的楼阁虽然已经不存在了，但雪舟从整体布局，即建筑的设计布局开始参与策划，并建造了不逊色于金阁寺和天龙寺的庭园。那么在建造庭园的过程中，雪舟是如何发挥作为画僧的艺术家精神的呢？

野村： 直接照搬金阁寺设计这种做法是违背雪舟的艺术家精神的。受命建造庭园是向对其有大恩的大内政弘进献《山水长卷图》（图 4-5）之后的事情，这幅山水画也很大程度被反映在常荣寺庭园的构成中。

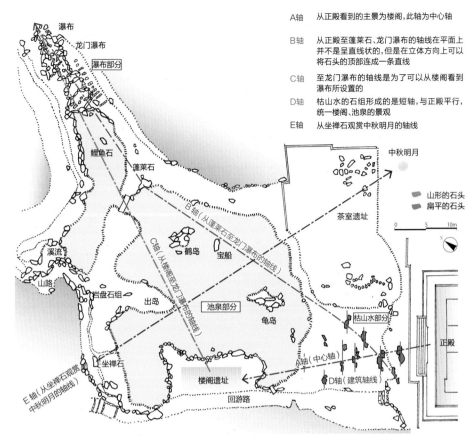

A轴　从正殿看到的主景为楼阁，此轴为中心轴

B轴　从正殿至蓬莱石、龙门瀑布的轴线在平面上
　　　并不是呈直线状的，但是在立体方向上可以
　　　将石头的顶部连成一条直线

C轴　至龙门瀑布的轴线是为了可以从楼阁看到
　　　瀑布所设置的

D轴　枯山水的石组形成的是短轴，与正殿平行，
　　　统一楼阁、池泉的景观

E轴　从坐禅石观赏中秋明月的轴线

瀑布

龙门瀑布

瀑布部分

鲤鱼石

蓬莱石

溪流

山路

岩盘石组

出岛

坐禅石

中秋明月

山形的石头

扁平的石头

0　　5　　10m

茶室遗址

B轴（从蓬莱石至龙门瀑布的轴线）

C轴（从楼阁至龙门瀑布的轴线）

鹤岛

宝船

池泉部分

龟岛

枯山水部分

正殿

A轴（中心轴）

D轴（建筑轴线）

楼阁遗址

回游路

E轴（从坐禅石观赏中秋明月的轴线）

图 4-3　常荣寺庭园平面图

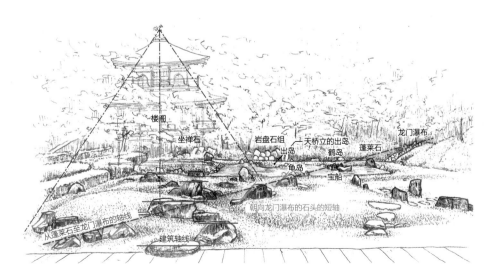

楼阁

坐禅石

岩盘石组

出岛

一天桥立的出岛

鹤岛

蓬莱石

龙门瀑布

龟岛

宝船

朝向龙门瀑布的石头的短轴

从蓬莱石至龙门瀑布的轴线

建筑轴线

图 4-4　将重现的楼阁绘制在手绘图上　呈现了枯山水、池泉、龙门瀑布的关系（野村勘治绘制）

133

三角石　　獅子石

图 4-5　《山水长卷图》（临摹）以 2 到 7 块石头为一组朝向主景的圆形桥的方式进行构图。这与常荣寺庭园采用至龙门瀑布的轴线进行构图相同，枯山水的石组由狮子石和三角石构成

　　雪舟结合金阁寺的要素数量，将有着其独到见解的设计配置在常荣寺庭园中（见第 129 页照片 4-2）。庭园采用双重构造，从正殿看去，在前方布置枯山水，后方配置了池泉（见第 133 页图 4-3），与金阁寺的正殿、庭园配置相同。这一枯山水部分是《山水长卷图》（图 4-5）中"平远山水"的立体化表现，可以说远超金阁寺庭园。每个石组都引用了《山水长卷图》中的细节，绘画的立体化表现运用了雪舟特有的绝妙表现手法，令人为之兴奋。

　　布局上，与从正殿向右侧看可以看到金阁的金阁寺庭园相对，常荣寺庭园则在左侧配置楼阁。在倒映着楼阁的水池中，鹤龟二岛、蓬莱石（畠山石）浮于水面之上，此外还有让人联想到天桥立的出岛。从楼阁遗址望向池塘，没有发现本应在正面的中岛。或许距离对岸的山很近可以作为看不到中岛的理由之一，但主要还是因为主要景观是左侧的龙门瀑布，考虑到需要避免景致变得杂乱无章而进行的布置。金阁寺庭园的龙门瀑布位于建筑物的后方，但此处模仿天龙寺将龙门瀑布设置在建筑物的前方。这一布局表现了雪舟对于龙门瀑布的强烈情感。

　　长荣寺瀑布的水位落差很大，纵深横阔，比天龙寺中的更为宏伟。天龙寺的龙门瀑布上面部分是分成多个部分的阶梯状多段式瀑布，下面部分则是一跃而下的一段式瀑布。常荣寺的龙门瀑布则相反，下部是多段式的瀑布，最上部是一段式瀑布，表现了经历漫长而艰苦的修行之后，瞬间悟道的过程，在构成上与西芳寺的枯瀑布相同。

2. 脱离枯山水原理的庭园

　　户田：常荣寺庭园的枯山水与池泉相连，构造非常罕见，从正殿和楼阁眺望的角度十分重要。那么在哪里可以找到这处庭园和绘画的关系呢？

野村： 以山水画的三景来观赏庭园，可以发现枯山水的构成依据了横向展开的"平远山水"，瀑布则是运用"高远山水"的画法打造而成（见第131页图4-2、表4-2）。

首先来看根据"平远山水"创作的枯山水。如果在被土墙包围的平坦地面上铺设白沙和青苔，不设置水作为枯山水的原理，那么可以说这里的枯山水保留了平安时代的形态。庭园内没有土墙，地面上也没有起伏的白砂和青苔，全部被草坪所覆盖，枯山水甚至与水池相接。这里没有枯山水独特的禁欲主义印象，取而代之的是一种开放、宁静的稳定感和轻快感，诉说着这里曾是一座山庄。

从枯山水的构成来看，连接正殿中心和楼阁遗迹的出岛的线是"中心轴线（A轴）"（见第133页图4-3），与驳岸齐平的枯山水在正殿前向下凹陷，呈山谷状降低到正殿的地面高度。在平坦的枯山水地面上打造自古以来被称为"野筋（译者注：野筋，指微微隆起的带状坡地）"的起伏，采用高超的技法自然地衔接有着90 cm高差的驳岸和正殿。稍不留意就会被石组所吸引，起伏空间的处理方式令人拍案叫绝，至今仍是值得应用的手法。

将与正殿相平行的"建筑轴线（D轴）"上的石组顶端修整平整，在石组上形成多条轴线相互平行，朝楼阁方向重叠延伸，打造庭园与建筑的一体感，给人以稳定的感受。但枯山水右侧平行放置的山形石材略带起伏，表现立体感和动态感的同时，将视线引向至右侧深处的瀑布（见第133页图4-4，照片4-6）。

中央的石组看起来很像卧着的母狮和缠在其身边嬉闹的小狮子，在《山水长卷图》中可以看到非常相似的场景。立体展开的石组其有趣之处在此也有所体现（照片4-7）。

照片4-6　从左前方经过景石朝向蓬莱石的B轴继续到达龙门瀑布　　照片4-7　以小狮子围绕母狮子为主题的石组

四、常荣寺庭园的石组

1. 面向蓬莱石聚集的石组

野村：正殿前的枯山水集中在中央部分的洼地附近，整体上把视线引向水池的蓬莱石，将枯山水和池泉连接起来。其中最重要的则是连接正殿左侧与右上方的石组，即越过洼地，经过小的石头，通向蓬莱石的"蓬莱轴（B 轴）"。到达蓬莱石的轴线由龙门瀑布的石组延续通向瀑布之巅，通过近几年的修缮更加明确了这一点（见第 133 页图 4-3、图 4-4，第 135 页照片 4-6）。

重新观察，枯山水纵、横、斜的轴线和石头的棱线相互交错，在轴线与棱线结束的同时也与其他区域相连，是具有多重构造的意味深长的石组。虽然也有人将枯山水视为中国禅宗的五山，但我认为与石组嬉戏的玩心才是了解雪舟艺术的入口。

2. 日本第一的龙门瀑布

野村：考虑到从位于出岛的楼阁向外眺望的景色，在水池深处设置了龙门瀑布（照片 4-8、图 4-6），形成从楼阁到龙门瀑布的轴线（C 轴）。从鲤鱼石到顶点全长约20 m 的龙门瀑布是众多名园中最为壮观的瀑布之一。下部是小台阶堆叠，逐步汇聚于最上部的瀑布，宛如"水的故事"，美不胜收。

最上部瀑布右侧（图 4-6、照片 4-9）的向左倾斜的景石隐藏了瀑布落水口，也被称为"咽喉石"。此处的石组可以视为山水画的中景中所表现的倾斜的山峦，但我认为它原本是垂直耸立的。

鲤鱼石设置在离龙门瀑布稍远的水池中，展现了鲤鱼将要越过瀑布的瞬间充满挑战精神的爽快身姿。

照片 4-8　从龙门瀑布的下方仰望，为其规模之大而震惊（参考图 4-6）

3. 表现画笔的笔触

野村：常荣寺庭园中根据"平远山水"的画法进行横向扩展，瀑布则采用"高远山水"的画法，打造了绘画般的庭园构成，那另一种"深远山水"的画法在哪里呢？沿园路从楼阁至池塘西岸向瀑布前进，山麓的崖面处便运用了这一画法（照片 4-10）。

图 4-6 从楼阁眺望龙门瀑布的写生图（野村勘治绘制）

将巨大的板石以铺贴的形式进行排列，从这里可以看到瀑布。不过，这是懂原理的人绝对不采用的拙劣技法。但是，根据庭园研究家斋藤忠一[84]（1939—今）的解读，这是雪舟特有的表现手法，以画笔的笔触将每一块板石展现出岩壁的质感。岩壁下连接着山路并在远处终结的构成方式与《山水长卷图》如出一辙（图 4-7）。

另外，雪舟并不只是把画变成了庭园。从正殿再次眺望枯山水，顶端倾斜、富有动感的石组位于右侧，左侧是将顶端平坦的石材重叠而成的石组。顶端平坦石材的堆叠设计是与层层叠叠的楼阁相呼应的巧思（见第 133 页图 4-4）。为统一建筑设计和庭园风格而设置的石组较为少见，包含建筑在内，雪舟无微不至的用心在细节中也可以发现。

这一庭园让我们了解到，雪舟是杰出画家的同时，也是一名优秀的景观设计师。

照片 4-9　龙门瀑布最上方的精巧立石，因为右侧倾斜的景石隐藏了瀑布口，所以也被称为"咽喉石"

照片 4-10　以铺贴大块板石的方式排列而成的独特石组

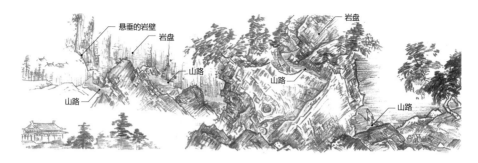

图 4-7 《山水长卷图》（临摹） 岩石连续的表现方式被用于庭园之中

其他的雪舟庭园

被认定为国家名胜的雪舟庭园有日本山口县的常荣寺和常德寺、岛根县益田的万福寺和医光寺、福冈县英彦山的龟石坊五处庭园。如果从立体绘画的角度重新鉴赏庭园，庭园中的景石呈直线排列，棱角分明，岩石表面如同斧剁面般凹凸不平，雪舟以山水画的手法表现了强有力的岩石轮廓和岩石表面的笔触感。向庭园倾斜的岩石的棱线角度也与画中一致，但仅凭模仿画作是无法建造庭园的。正是因为庭园中寄托了雪舟画作独特的律动感，才能够唤起人们的共鸣。

以下对各处庭园进行介绍，就像梦窗国师所建的庭园各有不同，雪舟庭园也各具风格。

●万福寺中，从礼拜石连接假山须弥山的中心轴与假山前缓缓突起的石组在水平方向上向左右展开，形成了十字交叉的构造。虽然不是可视化的纵横交错设计，却充满惊心动魄的紧张感。

●医光寺的瀑布虽然从陡峭的山畔落下，却更给人一种逆流而上的印象，也许这里曾是龙门瀑布。与此相对，近处的鹤龟石组向左右对称展开。这里的主角"龟"面向左侧的"瀑布"进行设置，使观看者的视线跟随着"龟"，从右向左转向"瀑布"。

●龟石坊庭园正如其名，以"龟"为主角，围绕自然石的龟石，运用雪舟《山水长卷图》的场景，巧妙而紧凑地打造而成。场景从右至左为鹤、龟、瀑布、蓬莱石、彦山内院，依次展开，与画卷的模式相同。瀑布的规模虽小，但却是根据雪舟临摹的北宗山水画创作而成的。

●常德寺庭园是近年来发现的最新的雪舟庭园。虽然只是在小小的水池中漂浮着的一座岛屿的庭园，但是雪舟想展现的是庭园的背景，水池背后的大岩盘与《秋冬山水图》中近景的岩盘如出一辙。背景的山则是石灰岩的峭壁，其背后是岩溶台地的山峦。山上有自然的远山石，仿佛将自己所描绘的画作中的景色融入庭之中，但如今栩栩如生的山水图被竹林遮挡了大半，令人引之为憾。

第三节　妙心寺退藏院庭园为何充满绘画感

户田：接下来一边观赏小巧明亮的妙心寺退藏院庭园，一边解析另一处"绘画与日本庭园"。

退藏院庭园据传是室町时代后期活跃于京都的狩野元信所建造的。狩野元信是日本画派狩野派的始祖狩野正信之子，后来成为足利将军家的御用画师，被授予法眼的僧位，奠定了狩野派的基础，并在受其熏陶的孙辈狩野永德的时代迎来了狩野派的鼎盛时期。

在这里，我想以位于与退藏院相邻的妙心寺灵云院[85]中的狩野元信所作的壁画为线索，对庭园展开介绍。

野村：首先从退藏院的历史开始讲起。应永六年（1526），龟年禅愉（译者注：龟年禅愉，是日本临济宗僧）将退藏院搬到了位于京都市内的妙心寺山内现在的位置。龟年在天文五年（1536）成为妙心寺住持，之后的十多年专注于妙心寺的复兴。可以认为是为了迎合弘治四年（1558年）的开山二百年远讳法事（译者注：远讳法事，指为了纪念历代主持的功德而每五十年举办一次的佛教仪式）的时间，而建造了庭园。

庭园相传是狩野元信所作，宽永十一年（1799），秋里篱岛在《都林泉名胜图会》中写道："庭园是画圣古法眼元信所作，无人能及。"但根据最近的修缮，在方丈庭中发现了钉书[86]，显示其是在庆长七年（1602）所建立的。

而狩野元信是在永禄二年（1559）去世的，当时还没有建造方丈庭，这里出现了矛盾。以此为基础，我将通过绘画对狩野元信造园的真伪与庭园的设计展开讨论（图 4-8）。

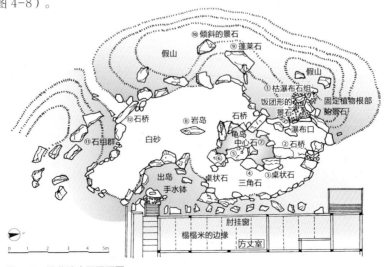

图 4-8　退藏院庭园平面图

一、狩野元信与障壁画

野村： 狩野元信从室町时代后期起，直至整个江户时代一直君临画坛，是狩野派的中兴之祖。狩野元信在汉画系的山水画世界中加入大和绘的表现，此外还确立了多人分工的制作体系。具有划时代意义的是障壁画充满临场感的大画面构成，由此诞生了工坊系统。

狩野元信在永正十年（1513）绘制了大仙院方丈画。中央的房间是相阿弥（译者注：相阿弥，是日本室町时代山水画画家之一）的《潇湘八景图》，上间和下间的四室的画作被认为是狩野元信的真迹，由此可以推断狩野元信当时应该已经观赏过大仙院庭园了。

后来，狩野元信绘制了妙心寺山内灵云院的障壁画，从这幅画中可以找到退藏院庭园的设计线索。

二、狩野元信绘制的灵云院障壁画

户田： 常荣寺庭园与雪舟所画的《四季山水画》（山水长卷图）如出一辙，因此确信这是雪舟的作品。那么，这座退藏院是否也同样与绘画有着密切的关系呢？

野村： 同样的方法论并不是每次都行得通，但根据对留存至今的狩野元信的绘画作品的调查，发现其非常接近庭园设计。灵云院的障壁画揭示了问题的答案。

1. 上间南室《琴棋书画图》

上间南室中的隔扇上绘有《琴棋书画图[87]》（图 4-9、图 4-10、图 4-11）。琴、棋、书、画在中国被称为"四艺"，受到文人的推崇，也是厅堂中较受欢迎的绘画主题。前面提到的大仙院以禅宗的观念为主题，而灵云院则选择了花鸟、山水等主题，或许是因为天皇经常到访的缘故吧。

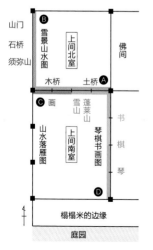

图 4-9　灵云院方丈室的部分平面图

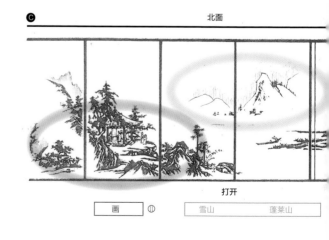

图 4-10　灵云院上间南室的《琴棋书画图》（临摹）

隔扇上画着湖面上的出岛，石桌状岩盘上的文人们正沉浸在四艺之中。值得注意的是，在右侧水量丰沛的溪涧中架着一座微弯的薄石桥。左前方还有一小块岩石，再往左是梯形的岩石。另外，在出岛的背景中描绘的悬垂的巨大岩石非常雄伟，我凭直觉认为这将成为解开庭园的线索（图4-10、图4-11）。

2. 上间北室的《雪景山水图》

野村： 在通往北室的隔扇中央的左右两侧各画着雪山，从这里进入北室就能看到由八张障壁画组成的《雪景山水图》（图4-12）。遗憾的是我没进过北室，不知道画在哪一面。可以推测，障壁画所描绘的内容从左侧开始描绘土桥的近景（图4-13），向右侧逐渐描绘远景，呈现由近到远的变化。从整体布置上则可以看出障壁画是由南侧开始，呈S形向北室连续延伸的布置方式（图4-9）。右侧是山寺的入口，描绘了独特的倾斜山峦以及表现方式具有圆润感的山峦，狩野元信多次以此作为中景，左侧的三面绘画的中央描绘了像是神话中的须弥山的山峦，从南室开始的绘画故事在此结束。

图4-11 《琴棋书画图》（临摹）与庭园的关联分析

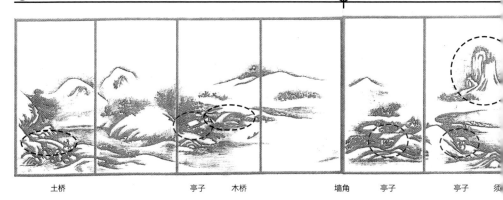

土桥　　　　　　　亭子　木桥　　　　　墙角　亭子　　　亭子　须

图4-12　灵云院上间北室的《雪景山水图》（临摹）

图4-13　灵云院上间北室的《雪景山水图》局部（临摹）

《雪景山水图》的构图从左侧的近景延续至右侧的远景，三座桥在画中被更为明确地区分开来。近景是土桥，中景是木桥，远景是石桥，这一"草行真"的架设手法在梦窗国师于天龙寺龙门瀑布架桥以来，已成为日本庭园的（造桥）原理，或许绘画者也受到了庭园的影响。

另外，有趣的是，中景描绘了3个亭子，让人联想起煎茶的酒店、饭店、茶店，与《琴棋书画图》一起成为与厅堂相称的待客主题。此外，更右边的山峦间画有山寺的山门，暗示内部是佛教的圣域。

这些障壁画采用了宛如在巡游回游式庭园般的构成，重新审视细部，应该可以发现与庭园相关的主题和设计。

三、退藏院庭园的设计

户田：退藏院庭园不像室町时代建造的龙安寺那样抽象，而是明亮且具象的庭园，这是为什么呢？让我们来详细了解一下它的设计。

野村：首先想谈谈与庭园相邻的走廊。一般方丈室的四周都有木板铺成的走廊，但退藏院的走廊铺设了一间宽的榻榻米，外侧还设有及腰高的墙壁，在其上设置了肘挂窗（译者注：肘挂窗，是日式房间中的一种窗户名称，人坐下时刚好可以把手肘搭在窗沿上）（照片4-11）。但是，这些都被认为是后来改造而成的，短小的屋檐便说明了这一点。庭园的进深较浅，但房间的地板布置得很高，能够俯视庭园的风景也是其特征之一。

山门

照片 4-11　方丈室的走廊和肘挂窗

1.《琴棋书画图》与庭园设计

野村：将庭园和《琴棋书画图》（见第 139 页图 4-8，第 141 页图 4-10、图 4-11，图 4-14、照片 4-12）进行比较。浮在寓意为水面的白沙之上的龟岛右侧的石桥②与障壁画的构图完全相同。虽然从房间看不见，但石桥的背面有凿孔，可以看出为了更贴近绘画，特意将石头凿开，使桥变窄，调整了比例。

石桥前端，龟岛的右侧放置了桌状的景石，左侧则将画上所描绘的大小两个三角石④合二为一放在一起。岛中央没有画中那样的巨石，但高出一部分的桌状中心石⑦十分关键。将石头顶端削平的沉稳的表现手法，遵循了强调背景的山水画手法中衍生而来的造园原理。

照片 4-12　退藏院庭园的主景，右侧是枯瀑布，中央的远处是蓬莱石，蓬莱石前方是龟岛
①枯瀑布　②石桥　③桌状石　④三角石　⑤⑥桌状石　⑦中心石　⑧岩岛　⑨蓬莱石　⑩倾斜的景石　⑪岩石石组　⑫石桥

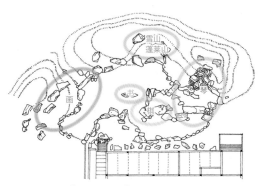

图 4-14　与《琴棋书画图》相关联的庭园分区

接着，两块桌状景石⑤⑥向左侧逐级降低，平稳地与白砂湖相接。使用黄色角岩的北山石，石组如用金泥画笔所描绘的障壁画的岩盘般展开，营造了如画般的风景（照片4-12）。

《琴棋书画图》（见第141页图4-11）中描绘的出岛背景是从高处落下的瀑布，但要照此原样模仿是不可能的。狩野元信模仿了其自作的绘画《潇湘八景图》**（译者注：狩野元信所做《潇湘八景图》由四幅画组成，以两景为一张的方式绘制而成，《渔村夕照、烟寺晚钟图》为其中一幅）**（妙心寺东海庵）中的《渔村夕照、烟寺晚钟图》（图4-15）的构图，运用了三角形的构图方式，图面小巧且绘有具有象征性的枯瀑布①（照片4-13）。

在画作中央描绘了屹立着的山峦，远处的4座山左右重叠，表现出高度。在从右前方的湖泊向左倾斜上升的位置描绘了近景山峦的山脊线，到达顶峰后从左开始的中景山峦的山脊线反向向右侧上升。接着，更远处山峦的山脊线再次反向向左侧上升，仿佛反复重叠图层般将视线引导至屹立在中央的远景（图4-15）。

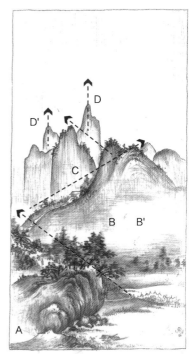

图4-15 《潇湘八景图》之一的《渔村夕照、烟寺晚钟图》（临摹） 枯瀑布构成的原型

与此相对，庭园的瀑布口铺设卵石，左侧设置着圆润的饭团形景石（A），在右侧下方，用于构成从水面逐渐升高的斜线，且具有固定植物根部作用的石头设置于瀑布的中段。向右侧上升的斜线由右侧的景石（B）衔接，接着石头（C）反向向左侧上升，在顶部设置与原画中非常相似的石头，这一手法（D）与绘画的技法是相同的（照片4-13、照片4-14、图4-15）。

照片4-13 依据山水画营造的石组的构成

2.《雪景山水图》与庭园设计

这个庭园的特别之处在于中央被称为"蓬莱石"⑨的富有量感的景石与看上去向左侧倾倒着的景石⑩的组合（照片4-15）。尤为奇怪的是横在地上的石头，即使垂直设置也无法抹去违和感。但是，这是狩野元信习惯性的表现手法，《雪景山水图》（见第142页图4-12）中右侧的两座岩山和位于妙心寺东海庵的《潇湘八景图》之一的《山市晴岚、远浦归帆图》（图4-16）里中央悬垂的岩壁正是如此。在狩野元信的其他山水画中，也能看到与之极为相似的表现手法。

庭园中增加了与《琴棋书画图》中所描绘的石桥②及《雪景山水图》中的土桥相仿的石桥⑫，并且在中岛上又架设了一座石桥，再次沿袭了传统的"三桥"概念。另外，在中景中描绘了悬垂的岩壁，以充满戏剧性的构造突出远景。庭园中央则放置了中景的蓬莱石⑨，并将远景的枯瀑布石组①并列配置在假山上。这两处石组必须前后排列才符合逻辑，如果并排布置，就会让人难以理解，而其灵感似乎来自于背后的双冈[88]。

四、退藏院庭园是使用借景手法打造的庭园

野村： 在此以蓬莱石为线索，对借景手法进行推测。妙心寺位于台地之上，庭园背后是悬崖，只要除去树木就可以借景。自古以来就深受京都市民喜爱的双冈作为背景横卧在近处，在以前就觉得不利用此处背景有点不可思议（图4-17）。

因此推测，庭园中央的蓬莱石应该是以双冈为远景的中景石组。顺便一提，庭园的结构从北侧瀑布的岩山①开始向南逐渐降低，其排列方式也延续了双冈的造型（图4-18、图4-19）。

庭园中右侧瀑布的水流扩散至中央湖区，并流过左侧深处的石桥⑫，看向庭园的视线也从右至左随着水的流转而结束。庭石大部分是角岩，而水流末端的石桥则是页岩，展现出平缓的肌理（照片4-16）。

照片4-14　通过龟岛观赏枯瀑布①

照片4-15　右侧的风景由右边的蓬莱石⑨与左边倾斜的景石⑩构成

图 4-16 蓬莱石的原型 《潇湘八景图》之一的《山市晴岚、远浦归帆图》（临摹）：斜向矗立的岩壁

照片 4-16 与《雪景山水图》中所描绘的土桥相仿的石桥架设于枯水池的终点

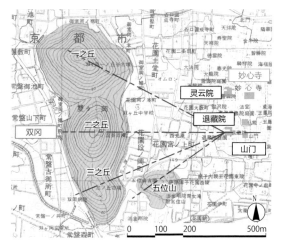

图 4-17 妙心寺周边区域图

在障壁画中寻找同样的表现，发现这与《雪景山水图》（见第 142 页图 4-12、图 4-13）中左侧的土桥相似。土桥的后方画着饭团状的雪山，从庭园中浮现出与双冈南侧相重叠且与其极为相似的五位山 [89]。

如果把这些画在图上，与其说是借景，不如说退藏院是以双冈为背景的庭园，同时也是远眺双冈的最佳场所。

退藏院位于妙心寺三门以西、双冈则是阿弥陀三尊之山，是在法事前后遥拜西方净土或祖师西来的西方的绝佳位置。三门和退藏院方丈庭位于与双冈相对的轴线上，我认为这并非偶然。

图 4-18 退藏院庭园与借景的素描（庭园石组素描＋《都林泉名胜图会》＋双冈素描的合图，野村勘治绘制）

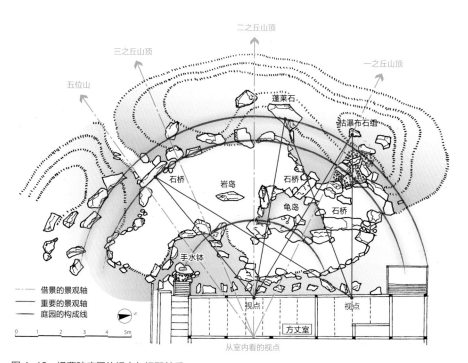

图 4-19 退藏院庭园的视点与视野关系

147

方丈庭开始的东西轴线从蓬莱石和倾斜的景石之间穿过，与双冈山顶相连。庭园是为了招待开山二百年庆典（1558年）的宾客而建造。因此，与其说是退藏院庭园，不如说是妙心寺的迎宾设施。如果其同时也是作为遥拜西方净土的开创者——关山禅师的空间的话，可以说理念是更加超乎想象的深刻。

五、从空间构成看庭园

野村： 在讲究紧密结构的画家描绘的画中，看向庭园的视点只有一处，只有从那个位置观赏时构图才成立（见第147页图4-19），否则构图就有了破绽，意韵也不复存在（照片4-17）。

退藏院庭园设计以中央窗户为视点，并围绕视点呈半圆形展开。这与以雪舟庭园为代表的追求绘画特色的庭园中使用的造园手法是共通的。前面的庭园解说都是以从视点眺望景观为前提的（见第145页照片4-14、照片4-15，第146页照片4-16）。

紧邻庭园的建筑物设置了肘挂窗，不便在室内深处赏庭，因此赏庭位置就被限定在了窗边（见第143页照片4-11）。这扇窗户在无形中框选出赏庭位置，设计构思十分有趣。肘挂窗虽然是后建的，但可以看出是在理解狩野元信的造园想法后设置的，虽为补充，却是一处理想的观赏点。

另外，从房间中心也能很清楚地看到蓬莱石⑨和倾斜的景石⑩，室内中心轴线穿过这两块石头正面迎向双冈的山顶"二之丘"，透过树木缝隙应该可以看到双冈（照片4-18）。

在房间里眺望双冈，在檐廊下赏庭，这两处眺景的本真面貌借由肘挂窗实现了戏剧化的演绎。同样的构成手法还有大德寺的主寺院和珍珠庵的七五三石组，从房间望去石组没入廊檐下，作为借景的比睿山从窗扇构成的框架中浮现出来。

还有其他展现的技巧，例如，看似水平铺展的白砂地面，其实远处比近处要高，与一般常识不同，排水坡是朝向建筑的。不过整体上还是朝南侧倾斜，雨水并不会流入方丈室。由于抬高了里面的地面，庭园看起来比实际更宽敞，平坦稳定的石组以前倾的姿势营造"逼近"观赏者的效果。雨水是顺着左侧石桥排出的，但流水注入"三之丘"与"五位山"之间的山谷这一意向与背景并无差别。

普通人难以察觉的巧思随处可见，即使没有造园经验也能凭直觉了解庭园并加以表现，这是画家独有的感性促成的。

日本庭园可以说是以石组为骨架的立体造型，但将其称为重视绘画特色的立体绘画更为确切。大部分的庭园都是浮雕式的，一般只能从正面欣赏。特意将庭园设计为四方正面[90]并不常见。退藏院庭园注重绘画特色，在探究日本庭园石组造型方面，与雪舟庭园一样都是不可或缺的。

照片4-17　从近处的手水钵望向蓬莱石

照片4-18　从室内透过窗框欣赏看到的蓬莱石（右）和倾斜的景石（左）

六、建筑与庭园建造的年代推测

野村：最后，我想梳理一下建筑及庭园在建造年代上的分歧。开山二百周年之际，时任管长的龟年禅愉以庭园作为迎宾场所接待客人，之后建造了现在的方丈室。因庭园在仓促间建造，其主题描绘的是灵云院方丈室客厅——南北两间上间（招待施主的房间）的障壁画。委托该画家狩野元信监修的退藏院庭园既是一幅立体画，又是一幅宗教画。

庭园虽是加急完工的，但灵云院的障壁画主题倒是与举办法事的迎宾馆十分贴合。南北两间上间的障壁画不仅是主题，在空间上也互为联动。《琴棋书画图》（见第 140 页至 141 页图 4-10）作为古典题材，符合"待客之室"的主题，虽然与《雪景山水图》并无特别的关联，北室的中央拉门左右两侧很自然地画了雪山，戏剧性地暗示雪国的佛教理想之处，引导访客进入北室。

描绘三桥、三亭的《雪景山水图》（见第 142 页图 4-12）堪称待客之景，更称得上是理想世界。接下来有部分是我的推测，右侧右数第三个拉门描绘的岩石上部平坦，很有特色，宛如耸立在佛教世界中心令人神往的须弥山，前面的石山层层叠叠让景色变得柔和，摆脱了禁欲的束缚，而僧侣看到这幅画自然就会联想到须弥山吧。

另外，障壁画右端有两座山，山谷深处有通往山寺的山门，这一描绘应是在暗示西方净土，而绘画中须弥山便重合于山门轴线尽头。

重新对照一下退藏院庭园与障壁画中山门、须弥山的构图，可以想象从庭园蓬莱山穿过双冈二之丘的轴线正是通往西方净土的巧妙设计。从障壁画中解读造园构思，并将其融入庭园加以鉴赏，这就是鉴赏日本庭园的有趣之处。

户田：我们围绕这两处庭园巡游时也一道讲述了造园者的造园意图。如果我们在游园时只是按照自己的想法，多半会搞错。因为很多地方都是基于造园者的引导而展现的，我们被展示的景观亮点引导着，整个构成也是考虑视觉焦点的，换言之，是在引导我们观赏。而这些风景正是因为将绘画中学到的技法运用到了庭园设计中才打造而成的。

此次从另一角度学习了至今为止都没有特意赏析过的庭园，即便如此，常荣寺庭园和退藏院庭园还是让人深切感受到了庭园表现技巧的深奥。

术语解说

为了便于读者更加深入地理解本书的内容，这里对庭园、造园相关专业术语进行解说。按照术语在各章出现的先后顺序排列，方便阅读及理解。

第一章 日本庭园史上的范式转换与设计

1. 磐座、磐境

磐座和磐境指的是被视作神明降临场所或圣地的山顶或山腰附近的自然巨石群。古坟时代之后，人工磐座、磐境也被建造出来，被视为日本庭园中常见的石组的起源。磐座是神明居所，磐境则是圣地中的祭祀场所的象征。

2. 楯筑遗迹

位于日本冈山县仓敷市矢部向山，是日本最古老的前方后圆的古坟上类似神像的环状巨石列，中心设置祠堂。是人工磐座、磐境的代表事例。

3. 渭伊神社天白磐座

位于日本静冈县滨松市北区引佐町的渭伊神社背后，在海拔约20 m的天白山山顶由原始巨石群构成，用于祭祀的磐座。

4. 平城宫东院庭园

位于日本奈良县奈良市的特别历史遗迹——平城宫遗迹的东院区域内，是一座在考古工作中被发掘的奈良时代的庭园遗迹。庭园于奈良时代初期建造，后期加以改修，后存续至平安时代初期。其水池形状、沙洲、石组等设计为后世日本庭园所继承。北岸假山形的出岛石组与正仓院宝物之一的木制假山形态酷似，作为日本庭园中的正统石组年代最为久远，其中中心石格外高，应该是寓意须弥山。

5. 飞鸟宫迹庭园

位于日本奈良县高市郡明日香村，是在飞鸟时代历代天皇建造的宫殿遗址的东北邻接地区发掘的庭园遗迹。齐明天皇（655—661）执政时期作为禁苑（宫廷庭园）被建造，天武天皇（673—686）时期进行修整。

6. 平城京左京三条二坊宫迹庭园

位于日本奈良县奈良市三条大路用于迎宾的庭园遗迹，以举办曲水宴为目的。以前曲水为人工凿就的沟状，但这个时期流行自然的流水形态，这成为"日式曲水"的起源。

7. 昌德宫芙蓉亭水池

位于韩国首尔最为繁华的街道——明洞以北约2 km的地方。昌德宫作为景福宫（正宫）的离宫而建造，保存有王宫庭园的秘苑。芙蓉池为35 m见方的水池，中间有直径9 m的圆形岛屿，沿袭了中国的方池圆岛形式。芙蓉池的水通常从水池底部涌出，但也做了一定的设置，在下雨时水可以从石造龙头的口中流出。

8. 雁鸭池庭园

新罗首都——今韩国庆尚北道庆州市遗留下来的7世纪时期的庭园。"雁鸭池"为后世所取，原本是东宫即皇太子的宫殿、庭园，所以应该是一处禁苑。宫殿一侧仿造中国宫廷庭园设置直线驳岸，庭园水池一侧则是自然风格的新罗式自由曲线形式。草壁皇子 [译者注：草壁皇子（662—689），是天武天皇与持统天皇之子] 的"岛宫庭园"便是采用了雁鸭池的设计。

9. 须弥山

佛教宇宙观中想象出来的理想之山。此山由八山八海呈环状围绕构成世界的中心，娑婆世界（世人所在的世界）就是浮于南海的南亚次大陆的倒三角形岛屿，喜马拉雅山是须弥山的原型。

10. 东三条殿

藤原氏的豪华宅邸，西面朝向西洞院西小路，东面朝向町尻小路，坐拥东西一町、南北两町，是平安时代寝殿造庭园的代表作品。9世纪成为藤原良房的宅邸，在仁安元年（1166）消失之前，均由藤原氏历代家主居住，据说藤原道长、藤原赖道也曾居住过。

11. 龙头鹢首船

游弋在寝殿造庭园水池中的乐船，船头分别雕饰龙头和传说中的水鸟鹢鸟，两艘船凑成一对。龙掌水，鹢乘风翱翔于天空，因此前者用弦乐器演奏优美唐乐，后者则是以打击乐器演奏有特色的高丽乐。乐船除了演奏仪式的背景音乐，还可在贵客游园时使用。

12. 嵯峨院庭园

嵯峨天皇的离宫遗址，大觉寺东邻的大泽池便是庭园内水池，仿照中国洞庭湖而建，如今池中还漂浮着设置的"庭湖石"。"遣水（外部引入庭园的水流）"的源头则是因藤原公任的和歌而闻名的名古曾瀑布。"不闻流水声，瀑布久无源。水尽名难尽，至今天下传。"（藤原公任）

13. 洲滨

一种驳岸营造手法，水池驳岸设置缓坡，铺满小石子，打造水陆边界线。起源于唐朝宫廷庭园中的卵石铺设。

14. 涂笼

周围以墙壁围起来的房间。寝殿造初期就有的建筑，主要承担卧室功能。在桂离宫的中书院和新御殿之间有涂笼，称作乐器房。书院造上段（一之间）旁略低的拉门围合的寝殿装置是对寝殿入口的装饰。

15. 半蔀

半蔀分上下两部分。上半部分可向外吊起来，下半部分或拆卸或保留裙板，无论哪种形式，封闭性都很高。

16. 兰溪道隆

日本镰仓时代中期从中国东渡而来的南宋禅僧。在镰仓市创立建长寺，是仿效中国禅院"五山"之一的径山兴圣万寿禅寺而建的日本第一座正统的禅宗伽蓝。

17. 圣一国师（圆尔辨圆）

日本镰仓时代禅僧，相传为静冈茶始祖。三十二岁入宋，为径山的无准师范所印可（**译者**

注：印可，在佛教中指经印证而被认可，禅宗多用之，亦泛指同意），回到日本后接受九条道家邀请创立东福寺。后来也参与了东大寺的复兴事业。

18. 径山样式

位于中国浙江省北部、天目山东北峰径山的临济宗寺庙作为中国禅院"五山"之首，正式名称为径山兴圣万寿禅寺。其伽蓝从山门至方丈室呈直线排列，日本的禅宗本山对其进行仿效，按径山样式而建。

19. 龙门瀑布

亦称为"龙门之瀑"，依据"鲤跃龙门化龙"的传说建造的一种瀑布形式。最初由建长寺的兰溪道隆传播其理念，梦窗国师在西芳寺的户外禅修道场略加设计以此寓意龙门瀑布。著名庭园有京都的天龙寺庭园及鹿苑寺庭园、甲府的东光寺庭园、山口的常荣寺庭园等。

20. 泽田天瑞

主要在名古屋一带进行创作的造园家、庭园研究家、农学博士。特别值得一提的是泽田先生通过对名园理念的研究，拓宽了日本庭园的研究领域。可以称其为"理念研究之师"，本书作者野村勘治关于庭园主题的考察分析也是以泽田先生的研究为基础，加上实测等空间考察总结发展而成。

21. 重森三玲

日本庭园研究家，造园家。原本立志成为前卫日本画家，但由于对日本古典艺术研究的热忱，将其研究范围扩大到了花道、茶道、庭园等方面，在各种实践当中对庭园倾注了极大的热情，是将造园视为艺术的第一人。昭和十年（1935）之后，实测了日本全国约500座庭园。其作品包括东福寺本坊庭园、岸和天城本丸八阵庭（以上被指定为国家名胜）、大德寺瑞峰院独座庭、松尾大社庭园等众多庭园。

22. 市中的山居

身在城市，却向往山间趣味的极为城市化的美学意识。在中世纪的京都及大阪地区，广受和歌、茶道爱好者的欢迎。

23. 疏枝

避免树枝过于茂密，从分枝底部修剪枝叶，使枝条呈现自然姿态的技术。管理下的树木所表达的氛围也源自茶道。

24. 真行草

日本文化通常使用的从正式到简略的三阶段理论。与书法中的楷书、行书、草书相同。日本庭园中传统、正式的庭园称为"真之庭"，简化或创新的庭园依次就是"行之庭""草之庭"。小堀远州将"真行草"融合于庭园中，用于提升景观效果。

25. 植治

世代沿用"小川治兵卫"这一名号的京都庭园建造师，通常是指从明治时代至大正时代的第七代"小川治兵卫"，商号为"植治"。经明治二十六年（1893）平安神宫神苑、明治二十九年（1896）山县有朋的无邻庵庭园确立风格，之后建造了许多皇族、富商、名士的庭园，作品遍及全国，被评价为具有独特风格的造园师。

26. 残念石

在大坂城建造之时，为了加工用于石垣等处的石材而切下的巨石，但由于某些原因石材并没有被使用，所以取此名称。据传，无邻庵庭园的残念（译者注：残念，即遗憾之意）石原本是想用于三宝院庭园的庭石。

第二章 讲述桂离宫的美与技

27. 秦氏

运用土木工程技术，通过治水及灌溉积蓄财富，对平安京建设也作出贡献的外来氏族。氏寺是日本京都府太秦的广隆寺，氏神是日本京都府京都市的松尾大社。

28. 松尾大社

701年由秦氏所建立的神社，因供奉酿酒之神而闻名。

29. 任那

古代朝鲜半岛南部的小国家，是被新罗合

并的"金海"与"加耶"的别称。

30. 藤原道长

在摄政政治的鼎盛时期位于顶点的人物。在藤原时期的鼎盛阶段作为关白（掌权阶级）的藤原道长在桂之地建造山庄，并称之为"桂殿"。据说紫式部就是以此地为舞台，描写了《源氏物语》中"松风"这一卷。

31. 细川藤孝（幽斋）

日本安土桃山时代的武将，也是当时的第一歌人。作为"古今传授"的唯一传人，将中世纪歌学传递向近代。受敕命选取"古今传授"继承人的细川幽斋，一开始只选择了智仁亲王一人，但亲王认为对他来说责任过于沉重，婉拒了其推荐。最终，细川幽斋向八条宫智仁亲王、三条西实隆、乌丸光广等人都进行了传授，之后由智仁亲王又传授给了后水尾上皇。

32. 古田织部

日本安土桃山时代的大名，也是茶道织部流的鼻祖。继千利休后的茶道名家，德川第二代将军德川秀忠的茶道老师。以小堀远州、本阿弥光悦等为首的诸多大名、公家、僧侣都是其门徒。古田织部将町人文化转变为武家风格，以桃山时代的绚丽设计为基础，创造了陶艺的织部烧、茶室的三叠台目席、织部床、织部窗等，像世人展现了"织部喜好"。在庭园方面，引入了织部灯笼、造型大胆的切石延段、屋檐下的砾石等人造感强烈的现代设计。

33. 古今传授

当时文学领域最重要的秘传。在中世纪，负责《古今和歌集》的疑难语句的解释由以歌学为家业的二条家传承，作为秘传由师傅口头传授给弟子。在日本室町时代的连歌师宗祇传授给三条西家之后被称为御所传授，之后又依次传授给了细川幽斋、三条西实隆、智仁亲王、后水尾上皇。

34. 《桂亭记》

记载桂山庄建造契机及工程过程的书籍。

由南禅寺的僧人金地院崇传所撰写，内容包含对桂山庄眺望景色的称赞等，是在了解当时山庄的前提下的贵重记述，文章充满修辞及夸张的手法。

35. 后水尾天皇

于庆长十六年（1611）继位成为日本第一百零八代天皇，在位十八年，之后作为太上皇摄政将近五十一年。作为江户初期艺术沙龙的核心文化人，于明历元年（1655）至万治二年（1659）之间亲自督造了修学院离宫。

36. 布鲁诺·陶特

德国近代建筑家，因被纳粹追捕而逃亡至日本，并在1933年5月至1936年10月之间滞留于日本。他提倡由于明治时代的"文明开化"政策而忽略传统文化的日本人重新去发现传统之美。他认为桂离宫是具有世界价值的建筑，并盛赞其为"永恒的存在"。

37. 西湖

位于中国浙江省杭州市西郊的湖。原本是海湾，但由于钱塘江河口被泥沙堵塞，所以形成了湖泊。作为中国著名的风景胜地而闻名于世。在日本，大多数人通过白居易的诗歌了解到西湖，将其作为日本庭园的主题使用。桂离宫的水池也同样能看到西湖的影子。

38. 白氏文集

由白居易亲自编写的诗歌文集，是唐代最大的个人文集。于承和五年（838），传入日本。能深刻理解其内容是当时作为文化人的标准，根据文集进行思考及行动被认为是非常帅气的事情。受此影响，从室町时代开始，历经桃山时代，直至江户末期，一直作为庭园结构的主题使用，在大名庭园中也同样建造了西湖标志性的苏堤。

39. Kireisabi （綺麗寂び）

指根据小堀远州设计所提炼出的具有精美外观的建筑、庭园或茶道用具等。

40. 组香

将数种香组合在一起，猜测香名的游戏。源氏香是其中的一种。对应于答案的五十二种组合，将《源氏物语》五十四卷中的首卷和尾卷排除在外，对应其中五十二卷的卷名。

41. 斗茶

通过饮茶比拼茶的品质及优劣的游戏。斗茶通过品尝区分"本茶"和"非茶"，并以唐画、唐物等商品作为赌注。将日本僧人荣西从中国带回并种植的京都栂尾茶作为本茶，其他茶则为非茶。

42.《品茶往来》

日本僧人玄惠法师的著作，展现了日本室町时代初期，斗茶时代的品茶风俗。

43. 村田珠光

侘茶的开山鼻祖，在从以斗茶为代表的具有游乐性质的品茶向追求修行及精神富足的品茶的转变过程中起到了重要作用。他的茶道经武野绍鸥传给千利休，并成为茶道的主流。在造园方面，其作品包括一休寺的虎丘庵。村田珠光既是茶道名人，也是日本茶道的开山鼻祖，其主张是在闲寂的环境中表现优雅的美，以"草庵拴名驹"，即朴素中包含华丽的艺术形式为特征。

44. 山里丸

丰臣秀吉在日本大坂城、伏见城、名护屋城的城中所设置的被称为"市中的山居"的放大版城郭。相对于城郭的华丽，庭园再现了简朴的山村景致，在其中建造了名为"山里丸"的茶室，这也开创了在大名庭园营造侘寂氛围的先河。

45. 煎茶式

相对于抹茶茶道，通过煎茶的礼法及规矩表现文人精神。

46. 王城镇护

通常日本的王城指的是京都，日本僧人最澄在位于京都鬼门的比睿山建立延晋寺，封印鬼门。比睿山位于京都的鬼门（东北）方向，自古以来作为守护王城的灵山受到尊崇。

47. 鹤龟蓬莱

日本效仿中国，自古以来使用鹤与龟作为庆典与吉祥的象征。龟背着蓬莱山，鹤则是仙人的坐骑，松生长于岩山，因其常年青绿，所以象征着长寿。松树理想的形态是根部粗壮且长出地面的小松树（五叶松），"鹤龟蓬莱"的具体定义在通过歌谣《鹤龟》的歌词对其进行详细解释之后，才得以确定。

48. 北辰

指北极星及与此相连的北斗七星。辰为龙，七星排列与其极为相似，带有星宿帝王的意思，将其作为一个整体运用在设计中。

49. 中国园林的洞窟

穿过洞穴，对岸就是中国的理想之乡"桃花源"，中国江南地区的私家园林中有许多建造洞窟作为庭园入口的案例。通过茶庭、大名庭园等的门扉及植物展开场景，如同穿过洞窟般将人引导至别样的世界。进入庭园的人不会立即看到全景，从而充满了期待和想象。此外，将庭园外繁杂的现实世界与庭园空间分隔，使人体验到迥然不同的空间。

50. 乘越石

在茶庭中门外侧设置客人石，在中门内侧设置亭主石。如果是没有门的枝折户（栅栏门），则以乘越石作为边界，设置于客人石与亭主石之间，向来客发出问候。桂离宫也没有门扉，将水平一字形的石材高高抬起，作为乘越石设置。

51. 岬型灯笼

桂离宫的原创石灯笼，作为小型的放置灯笼设置于洲滨前端，成为滨道的视线停留点，映照于夜晚的水面之上，烘托出夜雨的氛围，所以又称其为"夜雨石灯笼"，与作为庭园水池范本的中国西湖中的"三潭印月"灯笼极为相似。盘状的中台上方放置着圆润的火袋，方形的笠端头微微弯曲。

52. 插入式灯笼

没有基座，直接将竿埋入土中的灯笼样式的总称。从日本桃山时代至江户时代，随露地成立而产生的一种灯笼样式。因为可以根据竿埋入土中的深度对高度进行调节，所以大多作为蹲踞灯笼或者足许灯笼来使用。这些灯笼与之前重视美术价值的灯笼有着极大的不同，作为视线停留点、照明灯具等，更注重功能性，也可以说是扩展用途后的织部灯笼。

53. 回望

指回头看到的景色。回游式庭园针对前进方向营造景色，但在路线重合时或腰挂、凉亭等可以回头欣赏景色的地点，特意设置了回望的风景。

54. 苏铁山

苏铁是一种并不原生于京都的外国树木。桂离宫露地引导区域的苏铁树群演绎了从浮世的世界到别样空间的转换。在同时代的庭园中，小石川后乐园的棕榈山、仿造后乐园的彦根玄宫园的苏铁山（现今未存）等处也同样可以看到。

55. 龙田屋

赏花亭是由位于龙田屋井边附近的亭子移筑而来，移筑后的赏花亭仍然在蓝白相交的条纹布帘上印着"龙田屋"的名号。另外，因为龙田川是赏红叶的景点，而吉野山则是赏樱的景点，所以在春季则会挂上"吉野屋"的布帘。

56. 驱迁天井

茶室天花板的一种。将室外的屋檐直接引入室内形成天花板，将屋檐内侧作为装饰的表现形式，是屋顶样式中最具乡土气息的造型，也可称之为"草"的极致。

57. 东本愿寺涉成园

位于日本京都市下京区东六条的东本愿寺别苑。相传是由日本江户初期的代表性文人石川丈山所建造，设置有煎茶的酒、饭、茶的三店。庭园设计成具有文人趣味的代表性回游式庭园，由于此处曾是日本平安时代的皇子源融的河原院遗址，因此以民谣《融》作为主题，是可以体验佛教精神的庭园。

58. 本御影石

六甲山脚的日本摄津市御影（现神户市东滩区）出产的花岗岩，是优美的硬质石材，其中包含淡红色的长石，经常在加工后使用。也可以自然的形态用于汀步石、手水钵等，是作为庭园石的宝贵石材。前往日本有马温泉（神户市北区有马町）治疗的八条宫智仁亲王将这种石材使用在桂离宫中，这也成为了其在本地以外的地区也被广泛使用的契机，除都城以外，在日本金泽、名古屋等地也将其视为珍贵的石材。

59. 市松纹

将围棋棋盘的方格按不同颜色排列形成的花纹。"市松"的名称取自日本江户后期的歌舞伎艺人佐野川市松，但此类花纹在中东的陶器上也可以看到，而在日本的法隆寺正仓院的纺织品、印染品等的古代花纹中也有类似形状。虽然是一种古典花纹，但小堀远州将其与"交错"设计相结合，并作为设计的故事进行呈现，十分精妙。更早之前，"市松"则被称为"石叠"。

60. 奉书纸

以构树为原料制作的和纸，是无褶皱、纯白的优质纸张，作为日本战国时代的加贺藩（现日本石川县、富山县）的代表特产，是被称为"加贺奉书"的和纸。

61. 远州喜好

指小堀远州喜好的设计及搭配等倾向。在庭园方面，在其生前有着专门打造远州世界的智囊团，在其死后也形成品牌化继续着庭园建造，桂离宫、曼殊院等都是具有代表性的作品。

62. 鹤龟石组

基于神仙思想的庭园石组，象征鹤与龟的石组组成一对，表现祥瑞的寓意。从整体来看，龟石组以圆润的头部呈现其特征。鹤石组则通过翅膀充分展现鹤的特征，设计极为精妙。在桂离宫、三宝院、西本愿寺中与羽石组合，将桥比作头部进行表现。

63. 景序

指回游式庭园等之中，伴随路径移动的景观延续及变化。在沿一条道路游览的茶庭中，场景展开是具有故事性的。作为壮观茶庭的桂离宫是典型案例，茶庭以外的小石川后乐园、玄宫园等早期的回游式庭园也有着重故事性的倾向。

64. 御兴寄

用以上下轿子的公家的玄关处的独特名称。

65. 天王山、男山

天王山是日本京都府乙训郡大山崎町的山峦，地处日本京都盆地西侧的西山山系的南端，同东边的男山之间形成地峡。859年在男山的山上建造了石清水八幡宫之后，男山便与八幡宫成为一体被广为尊崇。神社来源于被称为源氏之祖的八幡太郎义家的"八幡"，镰仓的鹤冈八幡宫是其分支，对源氏有着特别的意义。

66. 对齐合端

铺设汀步石时，将石材和石材相对的面称为合端，理论上会将这一面平行对齐。构成协调且柔和的景色，使步行具有安全感。然而，桂离宫的汀步石经常采用非对齐合端的设计，赋予景色动感及紧张感，是景观的重要元素。可以看出，前者是注重行走的千利休喜好的汀步石，而后者则是注重景观的织部喜好的汀步石。

67. 庭屋一如

指庭园和建筑物相协调的状态。数寄屋建筑研究的第一人中村昌生在庭园方面也有很深的造诣，他认为极致的空间需要将庭园和家融为一体，多次提出"庭屋一如"的理念。

68. 插入式手水钵

通常手水钵是放在台座上的，但自然石材和棹形的手水钵较多采用插入的形式。前者为了表现野趣，后者则是为了使其稳定。

第三章　津田永忠与后乐园

69. 西方的巴洛克花园

在广阔的土地中以建筑物作为起点，轴线通过花园中央，沿着轴线左右对称，呈几何图形的花园。

70. 和意谷墓所

位于从日本冈山至鬼门方位的备前市吉永町中部的森林中，是池田光正命令津田永忠为池田一族建造的墓所。墓地整体面积约11 hm²。根据池田光政的要求，依据《周礼》建造了馒头状的圆形坟墓。被自然包围的儒教空间洋溢着舒适的紧张感。

71. 搦手

从城外至主城的途中至少设置两条道路。道路中最重要的正面入口称为"大手"，其次重要的背面入口称为"搦手"。"搦手"也有弱点的意思，大多设置于山崖、湿地等不易被攻陷的地点。

72. 安住院多宝塔

作为后乐园的借景，为了使其从市中心可以被看到，因此营造于操山的山腰处。多宝塔是日本冈山藩第二代藩主池田纲政在元禄年间作为后乐园的借景开始建造，并由下一任藩主池田继政在宽延四年（1751）完成。

73. 洛可可风格

对比巴洛克花园的豪华绚烂，更显明快、轻盈的花园形式。

74. 众乐园

日本冈山津山藩第二代藩主森长继从京都招募造园师所建造的回游式庭园。森家参与了仙洞御所的改造，因此在庭园中可以看到被认为是仿效仙洞御所的部分。以如今已不复存在的巨大的津山城为借景，围绕人造山丘循环的水路等各种造园方式为冈山后乐园提供了启发。

75. 大泽崩

位于富士山正西面大泽川的大规模侵蚀峡谷。最大宽度500 m，深150 m，从山顶的火山口处直下到海拔2200 m附近。从山顶俯视，犹如掉入无底深渊，砾石不断向谷底落下，仿佛石瀑布一般。

76. 破墨

水墨画的一种技法。在浅墨上叠加浓墨，表现立体感及整体意趣，与以轮廓线为中心的白描相对立的绘画技法。日本最著名的破墨山水作品就是雪舟的《破墨山水图》，技法方面完全不使用轮廓线，仅用墨进行表现。

第四章　绘画技法与日本庭园

77. 吹拔屋台

运用于平安与镰仓时代的大和绘，特别是画卷类作品中的室内描写法，省略屋顶、天花板等部分，以从斜上方的俯视角度描绘室内整体的场景，也可以展现建筑物与庭园的关系。

78. 秋冬山水图

雪舟的代表作品，以楼阁、渔家、悬崖等作为题材，通过交替重叠斜线表现出近景、中景与远景。运用突出的轮廓线和浓淡的笔触，将视线引入深处，展现空间，是充分体现雪舟风格的山水画。

79. 舞良户

书院造的一种门窗。户框间贴木板，打入水平的木条作为分隔的拉门。在日本平安时代被称作"遣户"，水平的木条为"舞良子"，户框之间的木板为"绵板"。

80. 万福寺

位于日本岛根县益田市的净土宗流派之一的时宗的寺庙。原本是被称为安福寺的天台宗寺庙，于文中三年（1374）搬至此地，并改名为现在的寺号。据传池泉回游式庭园是雪舟作品，以净土教宗派所提倡的"二河白道"为主题，明确贯穿中心轴的构成石组充满紧张感，虽然对宗派仍有疑问，但这里确实是能够感受到雪舟精神的庭园。

81. 医光寺

日本临济宗东福寺派的寺院，原本是天台宗崇观寺的塔头寺院。文明年间（1469—1486年）第七代住持雪舟将崇观寺的一个塔头保留在庭园内。之后，崇观寺逐渐衰败，由第十七代家督益田宗兼在原处创建医光寺。如今保留下来的池泉鉴赏半回游式庭园据传是雪舟的作品。

82. 龟石坊

室町时代的池泉观赏式庭园，位于日本福冈县英彦山山腰处的英彦山神宫参道附近，据传由画僧雪舟建造。从中国明朝归来的雪舟身在筑紫国（今日本福冈县附近），但在大分（今日本大分县附近）开设画室"天开图画廊"，据说庭园可能就是在这一时期所建造的。石组同《山水长卷图》及《小卷图》十分相似，瀑布充分体现出雪舟所模仿的《北宋山水图》的印象。

83. 常德寺

雪舟往返于日本山口和益田时位于途中的寺庙。大堂旁边的庭园已无全盛时期的风貌，被竹林所覆盖的背后的山峦如同中国的石灰岩般耸立。山上的岩溶台地上零星分布着突出的岩石，展现出犹如《秋冬山水图》般的景观。

84. 斋藤忠一

从1939年活跃至今的日本造园家、庭园研究家。以在东京艺术大学对雪舟的研究为起点，对庭园产生浓厚兴趣，师从重森三玲学习造园技艺，并协助晚年的重森三玲编著作品、建造庭园。其对于山水画以及庭园的观察力无人能及，在他的指导下，师弟野村勘治开始学习山水画的知识，因此他也是山水画及造园的老师。

85. 灵云院

日本妙心寺塔头四派中的灵云派的本庵，由妙心寺第二十五代住持大休宗休所创建。后奈良天皇皈依大休，因其经常行幸于此，所以于天文十二年（1543）设置了书院"御幸间"。同时期面朝御幸间建造的枯山水是相国寺僧人子建西堂的作品。著名的画师狩野元信所作方丈室的障壁画也被认为是这一时期的作品，参考了子建所作的庭园，推动了同为灵云派的退藏院庭园的建造。

86. 钉书

在建筑屋顶内侧的支柱或梁等看不到的位置用钉子书写的内容。在日本镰仓时代和室町时代中期之前尚未出现。从桃山时代前后开始，为了展示参与工程的工匠的名字，因此以这种方式进行书写，工匠的名字也与时代一致（妻木靖延氏谈）。

87. 琴棋书画图

琴棋书画是中国的士大夫必须掌握的四艺，自日本的室町时代以来，是挂轴、隔扇画、屏风画的热门题材。

88. 双冈

位于日本京都市右京区御室的丘陵。因高度为116 m的"一之丘"位于北侧，比其低矮的"二之丘""三之丘"位于南侧，由此得名。东麓建有妙心寺、法金刚院，而北麓则建有仁和寺。

89. 五位山

法金刚院是位于日本京都市右京区花园的律宗寺院，山号五位山，主佛是阿弥陀如来佛。嵯峨天皇之子仁明天皇非常欣赏此地的风景，所以将从五位官职授予此山，山名由此而来。百姓也很喜爱天皇的玩心，故其名得以流传。

90. 四方正面

从四个方向看，均可以看作是正面的建筑或雕刻。虽说日本庭园的石组是立体的，但却无法从侧面或背面鉴赏，所以"四方正面"代表着一种赞誉。东海庵的坪庭、重森三玲的岸和田城的庭园等均是如此。

参考文献

［ 1 ］　小野健吉. 岩波日本庭園辞典［M］. 東京都：岩波書店，2004.

［ 2 ］　小野健吉. 日本庭園 岩波新書［M］. 東京都：岩波書店，2009.

［ 3 ］　川瀬昇作，仲隆裕. 桂離宮 修学院離宮 仙洞御所［M］. 京都市：学芸出版社，2014

［ 4 ］　神原邦男. 大名庭園の利用と研究［M］. 岡山市：吉備人出版，2003.

［ 5 ］　斎藤忠一. 図解 日本の庭［M］. 東京都：東京堂出版，1999.

［ 6 ］　斎藤英俊. 名宝・日本の美術22 桂離宮［M］. 東京都：小学館，1990.

［ 7 ］　中島統司. 名宝・日本の美術14 雪舟［M］. 東京都：小学館，1991.

［ 8 ］　西川 猛. 日本の庭園美 4.龍安寺［M］. 東京都：集英社，1989.

［ 9 ］　大橋治三. 日本の庭園美 5.大仙院［M］. 東京都：集英社，1989.

［10］　岡本茂男. 日本の庭園美 6.桂離宮［M］. 東京都：集英社，1989.

［11］　柴田一. 岡山藩郡代 津田永忠〈上・下〉［M］. 岡山市：山陽新聞社，1990.

［12］　西澤文隆. 庭園論Ⅰ［M］. 東京都：相模書房，1975.

［13］　土井次義. 水墨美術大系 元信 永徳［M］. 東京都：講談社，1974.

［14］　東京農業大学造園学科. 造園用語辞典第3版［M］. 東京都：彰国社，2011.

［15］　ドミトリイ・S・リハチョフ. 庭園の詩学［M］. 東京都：平凡社，1987.

［16］　内藤晶. SD選書 新桂離宮論［M］. 東京都：鹿島研究出版会，1967.

［17］　野本寛一. 神と自然の景観論［M］. 東京都：講談社学術文庫，2006.

［18］　森 蘊. 新版桂離宮［M］. 大阪市：創元社，1956.

［19］　森 蘊. 日本庭園史話［M］. 東京都：日本放送出版会，1981.

［20］　安原盛彦. 日本建築空間史―中心と奥［M］. 東京都：鹿島出版会，2016.

［21］　絵巻物シリーズ. 国宝四季山水図［M］. 京都市：便利堂.

作者简介

户田芳树（Yoshiki Toda）

风景园林师。

1947年生于日本广岛县尾道市，毕业于东京农业大学造园学科。毕业后在东京、京都学习庭园设计，随后进入Urban Design Consultant.INC.（创立者黑川纪章），1980年成立株式会社户田芳树风景计画。长期以来创作出大量空间线条简单却富有动感的设计作品，尤其注重细节的处理，风格中充满柔和、温暖、自然而细腻的氛围。1989年获得日本东京农业大学造园大奖，1995年作品修缮寺"虹之乡"获得日本造园学会奖。2014年担任日本茅崎市景观社区营造顾问，2019年担任日本风景园林师联盟会长。主要著作有《从庭园到世博：户田景观设计30年》（中国建筑工业出版社）、《漫步昭和名园》（MARUMO出版）等。

主要作品：

二子玉川公园归真园（日本）

尾道洋兰中心（日本）

美泉宫日本庭园（奥地利）

野村勘治（Kanji Nomura）

造园家、庭园研究家。

1950年生于日本爱知县，毕业于东京农业大学短期大学。虽然师从造园家重森三玲，但还是以对桂离宫等著名庭园的调查为主要工作。之后，从事造园工作之余，产生了希望成为"庭园宣传部"的想法。回到名古屋之后，开始在当地开发商公司参与以景观工程为主的从社区营造到造园的工作，在这一时期学习掌握的土木建造知识对日后参与大型项目起到了重要的作用。三十岁左右开始重新参与庭园测绘工作，四十岁之前考察了10座著名庭园，并意识到自己看到了真正的庭园，之后通过各种机会，作为"庭园宣传部"不断拓展庭园宣传活动的领域。主要著作有《日本庭园集成实测图》（小学馆）、《小堀远州》（京都通信社）、《禅寺和枯山水》（宝岛社）等。

主要作品：

交龙之庭（德国巴伐利亚州）

重庆S家（中国重庆）

滨名湖花博会爱知县出展庭园（日本滨松市）